ESSAI

SUR

L'ÉQUIVALENT MÉCANIQUE

DE LA CHALEUR

PAR

M. CH. LABOULAYE

ANCIEN ÉLÈVE DE L'ÉCOLE POLYTECHNIQUE, MEMBRE DE LA SOCIÉTÉ
PHILOMATIQUE, DU COMITÉ DES ARTS MÉCANIQUES,
DE LA SOCIÉTÉ D'ENCOURAGEMENT POUR L'INDUSTRIE NATIONALE.

> En résumé le chiffre 430, admis à tort aujour-
> d'hui dans la science, doit être remplacé par le
> chiffre 140.
>
> *(Conclusions,* page 88.)

PARIS

LIBRAIRIE SCIENTIFIQUE, INDUSTRIELLE ET AGRICOLE

LACROIX ET BAUDRY

RÉUNION DES ANCIENNES MAISONS L. MATHIAS ET DU COMPTOIR DES IMPRIMEURS
15, QUAI MALAQUAIS, 15

1858

ESSAI

SUR

L'ÉQUIVALENT MÉCANIQUE

DE LA CHALEUR.

Paris. — Imprimerie de P.-A. Bourdier et Cie, rue Mazarine, 30.

ESSAI

SUR

L'ÉQUIVALENT MÉCANIQUE

DE LA CHALEUR

PAR

M. CH. LABOULAYE

ANCIEN ÉLÈVE DE L'ÉCOLE POLYTECHNIQUE, MEMBRE DE LA SOCIÉTÉ
PHILOMATIQUE, DU COMITÉ DES ARTS MÉCANIQUES,
DE LA SOCIÉTÉ D'ENCOURAGEMENT POUR L'INDUSTRIE NATIONALE.

> En résumé le chiffre 430, admis à tort aujour-
> d'hui dans la science, doit être remplacé par le
> chiffre 140.
>
> *(Conclusions*, page 88.)

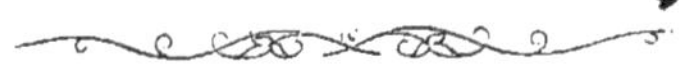

PARIS

LIBRAIRIE SCIENTIFIQUE, INDUSTRIELLE ET AGRICOLE

LACROIX ET BAUDRY

RÉUNION DES ANCIENNES MAISONS L. MATHIAS ET DU COMPTOIR DES IMPRIMEURS
15, QUAI MALAQUAIS, 15

—

1858

[illegible]

[illegible]

[illegible]

INTRODUCTION.

———

C'est dans les ouvrages traitant de la théorie de la machine à vapeur qu'il faut chercher les notions reçues sur la production du travail mécanique à l'aide de la chaleur, question à la fois du ressort de la mécanique et de la physique. C'est cette machine qui a démontré la possibilité de cette production, et il semble que la pratique eût dû fournir à la théorie tous les éléments propres à la compléter. Cependant il n'est personne ayant étudié un peu sérieusement la théorie des machines à vapeur, telle qu'elle est formulée par les plus savants auteurs, qui n'ait été frappé des nombreuses lacunes que présentent les données physiques sur lesquelles on la fait reposer, et qui n'ait professé ou appris qu'il fallait avoir soin de ne pas se fier, pour les applications, aux résultats de la théorie. Et il ne s'agit pas seulement de chiffres, de mesures plus ou moins inexactes, fournissant de premières approximations que de nouvelles expériences pourraient rendre plus satisfaisantes, il s'agit des principes fondamentaux sur lesquels repose la production du travail à l'aide de la chaleur. Nous nous contenterons de rappeler que les théories les plus satisfaisantes, professées par des hommes fort distingués, admises malheureusement encore aujourd'hui à la lettre par plus d'un inventeur, conduisent directement à la production d'un travail indéfiniment croissant pour une même quantité de chaleur, à mesure que l'on fait croître la tension initiale de la vapeur produite avec cette chaleur. C'était cette conséquence de la théorie mécanique qui guidait Perkins dans ses tentatives infructueuses pour employer la vapeur d'eau à une très-haute pression et une très-haute température.

Nous n'avons pas à exposer ici cette théorie (que nous rencontrerons plus loin, en analysant la manière dont la vapeur engendre un travail mécanique), nous rappellerons seulement qu'elle repose sur l'application de la loi de Mariotte à la vapeur produite par l'unité de chaleur à une pression quelconque (ce qui en fait varier très-lentement la quantité), d'où ce résultat évident *à priori* que le travail dû à la détente, croissant avec l'élévation de la pression initiale, doit être d'autant plus grand qu'on emploie la chaleur à produire de la vapeur à plus haute pression.

La malheureuse analogie de cette conclusion avec le mouvement perpétuel eût dû indiquer que l'on faisait fausse route, et cependant, sauf quelques esprits éminents qui sentaient l'imperfection de la théorie, on ne pensait pas à la modifier; on se contentait de conseiller de ne pas y ajouter une foi trop aveugle dans les applications, et de l'améliorer dans la pratique pour l'emploi des coefficients.

La vérité, ou au moins un progrès important sur les théories admises, avait cependant été formulée depuis plusieurs années; mais ce n'est qu'après avoir été en quelque sorte découvert de nouveau par quelques bons esprits, que l'admirable travail de Sidi-Carnot, paru dès 1824 (*Réflexions sur la puissance motrice du feu*), dont l'auteur était mort sans avoir vu apprécier ses idées, commença dans ces dernières années à faire comprendre en quoi la théorie mécanique de la vapeur était incomplète, fit penser à y introduire la considération d'éléments capables de le compléter.

Nous reproduisons ici l'étude de la question publiée par nous en 1850 (*Dict. des Arts et Manufactures*), et nous verrons ensuite les modifications que les nouvelles théories doivent y faire apporter. Cette étude va nous permettre de résumer la théorie la plus satisfaisante formulée jusque dans ces derniers temps, sur le mode d'action de la chaleur pour engendrer le travail mécanique. Cette marche peut seule nous conduire à faire comprendre l'importance du progrès que la science accomplit de nos jours et la grande utilité de la détermination de l'équivalent mécanique de la chaleur, objet spécial de ce travail.

Après avoir exposé les principes de la théorie nouvelle, j'ai passé en revue, dans ce travail, tous les modes de détermination, afin de les comparer et de formuler quelque chose de positif, qui ne laissât plus de place au moindre doute.

En cherchant à mesurer la conversion du travail mécanique en chaleur, j'ai cherché à analyser la manière dont s'opère cette transformation; elle repose tout entière sur les actions moléculaires, source de tout travail produit par la chaleur, actions qui fournissent la véritable clef de tous les phénomènes.

L'étude de ces relations permet notamment de relier entre eux les divers coefficients qui se rapportent à l'action de la chaleur du travail mécanique sur ces mêmes corps; résultat d'un grand intérêt.

A la fois du ressort de la mécanique et de la physique, les questions relatives à la puissance motrice de la chaleur n'ont guère, depuis S. Carnot, été étudiées que comme des problèmes de physique. La partie mécanique de toutes les expériences qui ont été faites laisse évidemment beaucoup à désirer, et c'est là que se trouve la cause d'une erreur grave, trop facilement acceptée par la science depuis plusieurs années.

J'ai été heureux de pouvoir profiter d'un moment de liberté pour reprendre ces expériences par une nouvelle voie, indubitablement préférable à celle suivie jusqu'ici, et j'ai eu la satisfaction de voir se vérifier la vérité que j'avais indiquée depuis près de dix années.

Puisse notre brochure être jugée digne d'être mise à côté de celle de S. Carnot, et fixer, comme celle-ci, la date d'un véritable progrès dans une partie importante de la science !

DE LA

PUISSANCE MOTRICE

DE LA CHALEUR.

CHAPITRE PREMIER.

Du travail produit par la chaleur. — Induction de M. Poncelet. — Théorie de Sidi-Carnot.

L'analyse de la manière dont la chaleur produit un travail et l'évaluation de celui-ci, forment les éléments qui peuvent permettre la solution des problèmes qu'offre le bon emploi de la chaleur.

Il est inutile de rappeler que la chaleur, introduite dans l'industrie comme moyen d'engendrer du travail mécanique par les belles inventions d'hommes de génie, est, en réalité, la source de force la plus générale et la plus importante ; c'est elle qui, par la vaporisation, est la cause des chutes d'eau ; c'est elle, si on voulait aller plus loin, qui est la cause du travail de l'homme, dont la respiration est une véritable combustion. Mais bornons-nous à la chaleur produite par la combustion dans les foyers, en ayant soin de la considérer en elle-même et de ne pas la confondre avec les excipients qui servent à l'utiliser, vapeur d'eau, d'alcool, etc., etc.

Il est important, outre cette distinction élémentaire, de mettre encore hors de doute un autre principe trop souvent oublié dans la théorie de la machine à vapeur; principe qui paraît presque évident : c'est que le travail d'une unité de chaleur, d'une calorie, de la quantité de chaleur nécessaire pour élever la température d'un kilogramme d'eau d'un degré centigrade, a un maximum de travail théorique, comme un poids d'eau qui tombe d'une certaine hauteur. On ne saurait admettre, en effet, qu'une quantité limitée de chaleur pût, dans aucune circonstance, produire un travail infini; ce serait admettre un effet qui ne fût pas en rapport avec la cause qui le produit. C'est ce qui va paraître encore plus clair en étudiant la manière dont la chaleur produit du travail.

En partant de la conception de la nature du calorique généralement admise jusque dans ces derniers temps, M. Poncelet établit les principes fondamentaux de l'emploi de la chaleur par une induction très-simple.

Il démontre d'abord qu'un gaz comprimé développe un même travail de quelque manière qu'il se détende, pourvu que ce soit d'une même fraction de son volume. Ainsi, s'il se détend dans deux corps de pompe fermés par des pistons différents A, a; e, E, étant les chemins parcourus, le travail sera dans les deux cas $p\,A\,e$, $p\,a\,E$, la pression p étant supposée constante pour un mouvement très-petit; or, les quantités $A\,e$, $a\,E$ représentant le volume dont le gaz s'est détendu, quantités égales par hypothèse, le travail est donc le même.

Ceci admis, le calorique pouvant, dans tous ses effets, être considéré comme un fluide sans inertie ni pesanteur, d'une élasticité parfaite, produisant des dilatations quand il s'accumule, des contractions quand il diminue ; on doit lui appliquer *à fortiori* le principe posé pour la détente des gaz, ce qui revient à dire :

« Qu'une certaine quantité de chaleur introduite dans un corps, ou soustraite de ce corps, doit faire naître, contre des résistances directement opposées à son action, des quantités de travail absolues qui sont toujours les mêmes ou indépendantes de la nature des corps, mais dont une certaine partie est, dans les liquides et les solides, employée à contrebalancer la force d'agrégation des molécules. »

L'assimilation du calorique à un fluide n'étant plus admise aujourd'hui, étant infirmée par nombre de faits incontestables, il n'y a pas à insister sur cette démonstration. Il n'en est pas de même de celle que donna, sans se baser sur une conception idéale de la nature intime du calorique, et en formulant en même temps les conditions du bon emploi de la chaleur, S. Carnot, ancien élève de l'École polytechnique, dans un opuscule très-remarquable publié en 1824. Nous allons résumer les considérations consignées dans cette brochure intitulée : *Réflexions sur la puissance motrice du feu*, ce qui nous permettra d'établir les meilleurs moyens d'utiliser le travail engendré par la chaleur.

1° *Le travail est produit, non par une consommation absolue de calorique, mais par le passage de celui-ci d'un corps chaud à un corps froid.* En considérant la machine à vapeur (de Watt, sans détente, la seule qui se construisit à cette époque) il est facile de se rendre compte que c'est ainsi que la force se produit. En effet, le calorique développé dans le foyer par l'effet de la combustion traverse les parois de la chaudière, et vient donner naissance à de la vapeur en engendrant l'écartement des molécules. La vapeur passe de là dans le cylindre où elle agit, puis dans le condenseur, dont l'eau froide, s'emparant du calorique développé par la combustion, liquéfie la vapeur et produit le vide. Il ne suffit donc pas, pour produire une puissance motrice, d'obtenir de la chaleur, il faut en même temps disposer d'un corps froid. Ainsi la condensation, qui est aussi cause de travail, n'a lieu que par la présence de l'eau froide, qui sert à condenser la vapeur. On ne peut rejeter celle-ci simplement dans l'atmosphère, comme on le fait dans certaines machines à haute pression, qu'autant que la température extérieure est telle que l'eau y reste à l'état liquide, température nécessairement moindre que celle de la vapeur ; autrement il n'y aurait pas d'eau liquide, et, par suite, pas de machines à vapeur de la nature de celles dont nous parlons.

2° Quelle que soit la température propre à un système de corps isolés, il n'y peut évidemment naître aucun mouvement tant que la température d'une partie du système ne varie pas. Mais si elle vient à changer, nous reconnaissons comme la loi la plus certaine de la physique, la variation du volume des corps, leur dilatation par l'effet de l'élévation de température. C'est ce phénomène si général qui conduit à considérer les corps comme composés de molécules qui tendent à se réunir sous l'action des forces d'attraction moléculaire, et à s'éloigner par l'effet de la chaleur. Pour chaque température donnée correspondant à un état de dilatation déterminé, il s'établit un équilibre entre les forces moléculaires et le calorique.

La dilatation est l'effet nécessaire de la chaleur ; tout l'effet du calorique est produit sous cette forme dans les gaz permanents pour lesquels les forces d'attraction de molécule à molécule sont nulles ; l'effet du calorique sert en partie à équilibrer les forces d'attraction moléculaires dans les solides et les liquides, suivant une loi qui est indiquée par les variations des coefficients de dilatation et de chaleur spécifiques des corps.

Pour les solides, lorsque le corps revient à la température primitive, en supposant la rotation complète, les forces de cohésion rendant en traction les forces qui équilibraient en partie l'action de la chaleur, la restriction indiquée par M. Poncelet pour les forces moléculaires, vraie quand on ne considère que partie de cette rotation, paraît inutile.

On peut sûrement établir comme parfaitement évidente cette seconde loi.

Partout où il y a différence de température, il y a production de force motrice. En effet, tous les corps sont susceptibles de changements de volume, de contractions et de dilatations successives par les alternatives de chaleur et de froid, tous sont capables de vaincre dans leurs changements de volume certaines résistances et de développer ainsi une certaine puissance motrice. Le chemin parcouru, la dilatation en raison de la température, et l'effort que le corps échauffé exercerait contre des obstacles qui s'opposeraient à la dilatation, tels sont les deux facteurs du travail mécanique produit par la chaleur communiquée à un corps. Ainsi un corps solide, une barre métallique alternativement chauffée et refroidie, augmente ou diminue de longueur et peut successivement pousser et tirer des résistances placées à ses extrémités. Un liquide alternativement chauffé et refroidi peut vaincre les obstacles plus ou moins grands opposés à sa dilatation. Un fluide aériforme produira dans les mêmes conditions des mouvements de grande étendue. Tous ces changements supposent des alternatives de chaleur et de froid, c'est-à-dire la disposition d'un corps chaud pour transmettre la chaleur à un corps froid.

Puisque le passage de la chaleur d'un corps chaud à un corps froid est une source de travail par l'effet de la dilatation qui en résulte, tout passage de chaleur qui ne sera pas accompagné de dilatation utilisée, tout passage direct de la source de chaleur au réfrigérant diminuera d'autant l'utilisation de partie du *maximum théorique* du travail de la chaleur, et le travail utile n'en sera qu'une fraction d'autant moindre.

On peut donc établir comme base fondamentale du bon emploi de la chaleur, *qu'il ne se fasse dans les corps employés pour réaliser la puissance qu'elle engendre aucun changement de température qui ne corresponde à un changement utilisé de volume.*

Ceci va devenir très-clair en employant l'action de la chaleur sur un gaz parfait, de telle sorte que toute la puissance de la chaleur soit évidemment utilisée.

Soit **A** (fig. 1) une source de chaleur, un corps toujours maintenu à une température T, comme la chaudière d'une machine à vapeur; B, un corps maintenu toujours à une température T′ moindre que T; *abcd* un cylindre renfermant un gaz, et fermé à la partie supérieure par un piston mobile. On sait que si on comprime ce gaz, la température de ce gaz s'élève; si, au contraire, on le dilate, la température s'abaisse. Quelles que soient les lois suivant lesquelles s'opère ce phénomène, on pourra, à l'aide de compressions et de dilatations, faire varier la température d'un gaz comme on en fait varier la pression pour un volume fixe en variant la température.

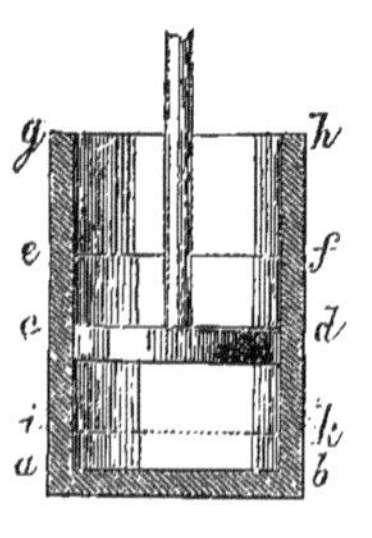

Fig. 1.

Cela posé, figurons-nous la suite des opérations qui vont être décrites.

1° Contact du corps A avec le gaz supposé à la température du corps B, avec la paroi de capacité $abcd$, que nous supposons transmettre facilement le calorique. Le gaz prend la température du corps A.

2° Le piston s'élève graduellement et vient prendre la position ef. Le contact a toujours lieu entre le corps A et le gaz, qui se trouve ainsi maintenu à une température constante pendant la raréfaction. Le corps A fournit le calorique nécessaire pour maintenir la constance de température.

3° Le corps A est éloigné et le gaz ne se trouve plus en contact avec aucun corps capable de lui fournir du calorique ; le piston continue cependant à se mouvoir, et passe de la position ef à la position gh. Le gaz se raréfie sans recevoir de calorique, et sa température s'abaisse. Imaginons que cette augmentation de volume soit suffisante pour que la température du gaz devienne égale à celle du corps B ; à ce moment le piston s'arrête et occupe la position gh.

4° Le gaz est mis en contact avec le corps B ; le piston est, par la moindre compression, ramené de la position gh à la position cd, et reste cependant à une température constante, à cause de son contact avec le corps B, auquel il cède son calorique.

5° Le corps B est écarté, et l'on comprime le gaz, qui se trouve alors isolé ; sa température s'élève. La compression est continuée jusqu'à ce qu'il ait pris la température du corps A. Le piston passe alors de la position cd à la position ik.

6° Le gaz est remis en contact avec le corps A ; le piston retourne de la position ik à la position ef ; la température demeure invariable.

7° La période décrite sous le n° 3 se renouvelle, puis successivement les périodes 4, 5, 6, — 3, 4, 5, 6, et ainsi de suite.

Dans ces diverses opérations, le piston éprouve un effort plus ou moins grand du gaz renfermé dans le cylindre ; la force élastique de ce gaz varie sans qu'il y ait jamais contact entre des corps de température différente, tant à cause des changements de volume que des changements de température ; mais l'on doit remarquer qu'à volume égal, c'est-à-dire pour des positions semblables du piston, la température se trouve plus élevée pendant les mouvements de dilatation que pendant les mouvements de compression. Pendant les premiers, la force élastique du gaz est donc plus grande, et, par conséquent, la quantité de travail produit par les mouvements de dilatation est plus considérable que celle consommée pour produire les mouvements de compression. Ainsi l'on obtiendra un excédant de puissance motrice dont on pourra disposer pour des usages quelconques. Un gaz nous a donc servi à constituer une machine à feu ; nous l'avons même employé de la manière la plus avantageuse possible, parfaite théoriquement, car il ne s'est fait aucun rétablissement inutile d'équilibre dans le calorique.

Toutes les opérations ci-dessus décrites peuvent être exécutées dans un sens et un ordre inverses.

Imaginons qu'après la sixième période, c'est-à-dire le piston étant arrivé à la position *ef*, on le fasse revenir à la position *ik*, et qu'en même temps on maintienne le gaz en contact avec le corps A, le calorique fourni par ce corps pendant la sixième période retournera à sa source, c'est-à-dire au corps A, et les choses se trouveront dans l'état où elles étaient à la fin de la période cinquième. Si, maintenant, on écarte le corps **A**, et que l'on fasse mouvoir le piston de *ik* en *cd*, la température de l'air décroîtra d'autant de degrés qu'elle s'est accrue pendant la période cinquième, et deviendra celle du corps **B**. L'on peut continuer une série d'opérations inverses de celles que nous avons d'abord décrites, c'est-à-dire porter le piston en *gh*, le gaz étant en contact avec **B**, etc. Il suffit de se placer dans les mêmes circonstances, et d'exécuter dans chaque période un mouvement de dilatation au lieu d'un mouvement de compression, et réciproquement.

Le résultat des premières opérations avait été la production d'une certaine quantité de travail et le transport du calorique du corps **A** au corps **B**, du corps le plus chaud au corps le plus froid ; le résultat des opérations inverses (pendant lesquelles les pressions résistantes sont les mêmes que les pressions motrices dans les premières) est la consommation du travail produit et le retour du calorique du corps **B** au corps **A**, du corps le plus froid au corps le plus chaud ; de sorte que ces deux séries d'opérations s'annulent, se neutralisent en quelque sorte l'une l'autre.

Nous pouvons maintenant nous poser la question suivante :

3° *La puissance motrice d'une même quantité de chaleur est-elle constante, ou varie-t-elle avec l'excipient employé pour l'utiliser ?* On peut démontrer qu'elle est constante. En effet, la quantité de chaleur qui produit la dilatation d'un corps, produisant une certaine quantité de travail (nous supposons nulle pour cette démonstration l'action moléculaire qui, comme nous l'avons dit, cause une consommation de chaleur que restitue le refroidissement ; nous supposons des actions ramenant le corps à l'état initial, ou pour plus de simplicité qu'on agit sur un gaz parfait), cette même quantité de travail exercée en sens inverse, pour comprimer le corps, devra à son tour, produire le dégagement de la quantité de chaleur qui l'a produit, et qui a fait prendre aux molécules les positions d'écartement qu'on fait cesser par une action mécanique.

Si donc, pour une même quantité de chaleur, un corps A donnait un travail mécanique supérieur à tout autre B, par une série d'opérations analogue à celle que nous avons décrite, l'emploi de ce travail mécanique produit par le corps A, employé à comprimer cet autre corps B, devrait fournir une quantité de chaleur supérieure à celle qui a produit le travail initial, et capable par suite d'engendrer, en étant communiquée au premier corps A, une quantité de travail supérieure à celle qu'a exigée la compression. Cela reviendrait à engendrer, en répétant la même opération, une source indéfinie de chaleur et de force par l'utilisation des excédants successifs de semblables opérations, sans aucune consommation d'aucun agent ; à produire un mouvement perpétuel, ce qui ne saurait être admis, un effet sans cause, ce qui est absurde. On ne doit donc pas chercher à faire varier l'excipient dans l'espoir d'un bénéfice de travail, mais chercher seulement à utiliser le mieux possible le travail du calorique.

On doit donc poser comme loi générale :

La puissance motrice de la chaleur est indépendante des agents mis en œuvre, pour la réaliser, et *a un maximum théorique pour l'unité de chaleur*.

Mais de même que la puissance théorique d'une chute d'eau ne peut être réalisée pratiquement ; de même la puissance théorique de la chaleur ne peut être communiquée entièrement à un récepteur. On en approchera d'autant plus que l'on disposera le récepteur de telle manière qu'il ne s'y fasse aucun changement de température qui ne corresponde à un changement de volume *utilisé*, ou, ce qui est la même chose autrement exprimée, qu'il n'y ait jamais de contact entre des corps de températures sensiblement différentes.

Ce résumé de la théorie de Carnot suffit pour en faire apprécier toute l'importance. Elle déterminait d'une part les conditions essentielles du bon emploi de la chaleur, et en limitant, d'autre part, le champ des progrès possibles, elle écartait de la recherche de résultats chimériques.

CHAPITRE II.

La théorie de Carnot était un progrès important, un complément utile des travaux antérieurs ; toutefois elle était insuffisante pour expliquer les phénomènes de là détente, la grande amélioration que la machine à vapeur a reçue de nos jours ; elle s'inspirait évidemment de la machine de Watt, fonctionnant surtout par l'effet du vide du condenseur. Aussi n'a-t-elle pu empêcher S. Carnot lui-même de formuler d'autres principes erronés, malgré l'admirable perspicacité qui lui avait fait voir partie de la vérité bien avant ses contemporains.

C'est à satisfaire à ce qu'elle offre d'insuffisant, c'est à la compléter, que doivent parvenir les travaux qui, à bien juste raison, passionnent en ce moment nombre de physiciens ; car bien des efforts convergent pour l'établissement d'une théorie qui, tout le fait espérer, sera un des plus beaux progrès que la science ait accompli depuis longtemps.

Déterminer avec quelque exactitude l'équivalent mécanique de la chaleur (nous allons voir bientôt le sens de cette expression, qui dans les idées de Carnot répondrait au maximum théorique de travail de l'unité de chaleur), et relier entre eux, s'il est possible, les divers coefficients qui se rapportent aux modes d'action de la chaleur sur les corps, coefficients qui ont évidemment des relations mutuelles, puisqu'ils résultent de la nature intime d'un même corps : tels sont les progrès à accomplir aujourd'hui.

Exposons d'abord en quoi consiste la nouvelle théorie.

Nous avons vu en commençant comment M. Poncelet déduisait le principe fondamental du bon emploi de la chaleur, de la conception du calorique comme un fluide parfaitement élastique, sans inertie ni pesanteur. Nous avons dit qu'elle n'était plus admissible. En effet, elle a contre elle une curieuse expérience de Humphry Davy, qui, étant parvenu à fondre deux morceaux de glace en les frottant l'un contre l'autre (sans communication [d'aucune chaleur extérieure), en avait tiré cette conclusion que : Les phénomènes de répulsion ne dépendent nullement de l'existence d'un fluide élastique particulier; en d'autres termes, que le calorique n'existe pas et la chaleur consiste en un certain mouvement des particules des corps.

C'est en partant du phénomène du dégagement de la chaleur par le frottement, qu'un savant physicien allemand, M. J.-N. Mayer d'Helbroon, qui s'est livré le premier à de curieuses études philosophiques sur cette question, a eu la hardiesse d'en tirer le principe de la théorie mécanique de la chaleur.

Puisque le frottement anéantit le travail, et qu'il fait apparaître du calorique, il faut bien qu'il y ait *transformation* de l'un en l'autre : autrement, il y aurait en même temps effet sans cause et cause sans effet [1]. Il donna le nom d'équivalent mécanique de la chaleur au travail mécanique correspondant à la semblable transformation d'une calorie; et dès 1842, par une détermination indirecte, non fondée sur des expériences spéciales, il avait cru pouvoir indiquer le chiffre de 365 pour la valeur de l'équivalent

---

[1] M. Seguin a établi que notre célèbre Montgolfier avait proclamé, dès 1800, ces vérités fondamentales : que la force et le calorique sont des manifestations, sous des formes différentes, d'une seule et même cause.

mécanique de la chaleur, c'est-à-dire énoncer que le maximum théorique de travail que peut engendrer une calorie est de 365 kilogrammètres.

Le frottement n'est producteur de chaleur que par un effet d'actions moléculaires. Les compressions, les désaggrégations qui font varier momentanément ou définitivement les écartements moléculaires sont les principaux moyens de cette transformation, en modifiant les forces de cohésion ou de répulsion qu'on sait varier avec ces distances. Ce n'est donc pas au frottement (qui n'est au contraire qu'un cas particulier) que le phénomène est limité, et il doit y avoir bien des moyens d'en vérifier la réalité. Nous en rencontrerons un grand nombre dans la suite de ce travail.

M. Joule, savant physicien anglais, a cherché à contrôler par une expérience la nouvelle théorie, en ayant pour cela recours à la compression des gaz. Comme on a tiré de cette expérience des conséquences exagérées, nous en ferons une analyse attentive. Nous en emprunterons d'abord l'exposé à un habile physicien, M. L. Foucault :

« Tandis que, dans l'ancienne théorie, on admet qu'un gaz dilaté renferme plus de chaleur que le même gaz réduit à un moindre volume, dans l'hypothèse où l'on admet l'existence de l'équivalent mécanique, les choses se passent tout autrement : la quantité de chaleur contenue dans un gaz ne dépend plus que de sa température et de l'espèce de matière dont il est formé. Quant au calorique qui se dégage pendant la compression, il ne provient pas du gaz, mais il résulte de la transformation du travail extérieur qu'il a fallu dépenser; réciproquement, le froid produit par la dilatation n'indique pas que la chaleur se soit réfugiée ou cachée dans l'intérieur du gaz; non, elle s'est échappée sous forme de travail restitué, et pour prouver qu'en effet les changements de volume ne sont pour rien dans ces évolutions de chaleur, il suffisait d'imaginer un moyen de provoquer de pareils changements sans complication d'un travail quelconque. L'expérience par laquelle M. Joule a réalisé ces données restera célèbre, car elle porte aux anciennes idées un coup dont elles ne se relèveront pas.

« Cette expérience que nous rappelons a douze années de date ; elle est du reste d'une simplicité qui ajoute encore à sa valeur et à son importance. Elle consiste à placer dans un même calorimètre deux récipients de même capacité et qui communiquent ensemble par un tube à robinet ; dans l'un on a fait le vide, et dans l'autre on a refoulé l'air à 22 atmosphères ; l'ouverture du robinet, en permettant à un moment donné la libre circulation entre les deux vases, détermine l'expansion du gaz dans un espace double. Mais comme cette expansion a lieu en présence de parois fixes, comme il n'y a pas de piston soulevé, *il n'y a pas non plus de travail produit.* Le thermomètre va donc prononcer entre les deux systèmes. Si les changements de température sont essentiellement liés aux changements de volume, le thermomètre doit baisser, et c'est la physique d'autrefois qui l'emporte ; si au contraire la calorification est liée au travail, le thermomètre demeure immobile et la vérité se déclare du côté de MM. Mayer et Joule. L'expérience, avons-nous dit, restera célèbre, c'est que en effet le thermomètre n'a pas bougé. La température s'est bien abaissée dans le premier récipient en même temps qu'elle s'élevait dans le second, ainsi que M. Joule l'a constaté directement[1] ; mais il y a eu compensation exacte. »

Arrêtons-nous un instant sur cette expérience fondamentale de M. Joule.

[1] Gay-Lussac avait déjà fait cette expérience.

Elle ne nous paraît pas infirmer absolument, comme on le dit, l'ancien principe admis en physique que la compression d'un gaz ou sa dilatation, en changeant son état moléculaire, modifient la quantité de chaleur qu'il renferme; ni démontrer que c'est parce qu'il n'y a pas de travail extérieur produit qu'il n'y a pas perte de chaleur. Ainsi, toute importante qu'elle est comme vérification des idées de M. Mayer, cette expérience ne prouve pas tout ce qu'on veut en tirer. C'est trop donner à l'imagination que de tirer des conséquences aussi exagérées; elles conduisent bientôt à l'erreur. C'est ce qu'indique fort bien M. Hirn, dont nous décrirons plus loin les curieuses expériences, dans le passage ci-après :

« Dirons-nous d'abord avec M. Joule « qu'il n'y a évidemment pas de travail produit ici, et que, comme il n'y a pas non plus aucune absorption de calorique, nous sommes en droit d'en conclure que la chaleur ne peut disparaître qu'à la condition de produire un travail mécanique ?

« Est-il vrai, en premier lieu, qu'il n'y ait point de travail d'exécuté lorsqu'un gaz se précipite d'un réservoir où il est comprimé, dans un autre où il est à une pression moindre ?

« Cela serait vrai s'il n'y avait de travail que quand on élève un poids à une certaine hauteur, si surmonter des frottements, vaincre l'inertie n'était pas produire un travail, ce qu'on ne saurait contester.

« Il ne peut de même paraître douteux à personne qu'il s'exécute un travail mécanique aussi réel que tout autre, lorsque le gaz d'un réservoir plein est poussé par son *élasticité* dans un réservoir vide. Et comme c'est le calorique qui est ici le principe d'élasticité, la cause du mouvement, il doit s'en dépenser nécessairement dans le réservoir d'où l'air s'échappe : c'est effectivement ce qui arrive; l'air de ce réservoir se refroidit. Mais nous savons qu'aucune force ne peut se perdre dans la nature, ni à plus forte raison être détruite ; nous savons qu'il n'y a jamais qu'équilibre entre les forces. Lorsque nous avons élevé un fardeau à une certaine hauteur, nous avons travaillé ; mais rien n'est perdu de ce travail ; nous avons élevé ce corps pesant, il peut donc redescendre ; et s'il redescend en effet, il nous rendra tout ce que nous lui avons donné. Lorsque nous avons travaillé en surmontant des frottements, ou en donnant à des corps des impulsions qui ont été *tuées* en chocs, il semble que notre travail est perdu à jamais. Eh bien, il n'en est pas ainsi : en vertu des principes de Mayer, il s'est produit dans tous ces cas, une quantité de calorique capable, dans une machine parfaite, de nous rendre précisément tout le travail que nous avons dépensé.

« Lorsque l'équilibre des pressions est établi dans nos deux réservoirs, l'impulsion primitive du gaz est complétement détruite ; comment l'est-elle ? Par les frottements, par les chocs des molécules. Il *doit donc se produire du calorique* dans le réservoir primitivement vide, où toutes les impulsions se sont détruites ; et il doit s'y en produire une quantité *précisément égale* à celle qui a été dépensée, dans le réservoir plein, à donner ces impulsions. L'un des réservoirs doit donc s'échauffer, tandis que l'autre se refroidit ; et l'eau où ils sont plongés doit rester à la même température, comme il arrive effectivement.

« L'expérience de M. Joule ne prouve donc pas du tout qu'un gaz qui se détend n'absorbe de calorique qu'autant qu'il produit du travail mécanique extérieur. Mais elle fait admirablement ressortir le principe de l'équivalence du travail mécanique et de la chaleur. Elle nous prouve que quand il y a égalité entre le travail produit et détruit, il y a aussi égalité parfaite entre le calorique absorbé et le calorique dégagé. »

Ainsi cette curieuse expérience prouve seulement que l'envoi de l'air comprimé dans de l'air raréfié surtout par un conduit étroit comme celui qui réunit les deux ballons, produit une quantité de chaleur considérable, due au travail accumulé dans le gaz comprimé. C'est ce phénomène qui empêche de percevoir le refroidissement qui se produit lorsqu'on laisse dilater le gaz sans laisser prendre de vitesse aux molécules. Cela est si vrai que le moindre changement dans les éléments de l'expérience peut rendre sensible une diminution de température. C'est ainsi que MM. Joule et Thompson ont pu constater, dans de nouvelles expériences, un refroidissement que M. Regnault avait constaté ne pas exister dans les siennes. En opérant à la température ordinaire, ils sont parvenus à reconnaître pour l'air un refroidissement de $0°,26$, et pour l'acide carbonique (si facilement liquéfiable), $1°,14$ pour chaque atmosphère de pression.

En résumé, on doit tirer de l'expérience de M. Joule la confirmation des idées de M. Mayer, mais rien de plus. Elle ne prouve pas que le gaz comprimé qui renferme une quantité de travail accumulé et qui a dégagé de la chaleur, renferme la même quantité de chaleur que ce gaz après une détente considérable pendant laquelle il a absorbé de la chaleur. Nous verrons plus loin (note I) la grande importance de cette observation, et nous continuerons à maintenir le principe de l'action de chaleur, que ce n'est que par une rotation complète, en ramenant le corps sur lequel on opère à son état initial, qu'on peut être certain de comparer des quantités correspondantes de chaleur et de travail.

Nous ferons maintenant remarquer que la notion de

transformation de chaleur en travail n'infirme nullement les principales déductions tirées des principes de S. Carnot; elle complète, au contraire, son œuvre, et permet de remplacer la partie défectueuse qui y subsistait encore par quelque chose de très-satisfaisant.

Remarquons d'abord que les propositions fondamentales de S. Carnot dépendent uniquement des rapports entre la chaleur et les pressions, et nullement de ce que devient la chaleur. Il importe peu que de sensible elle devienne latente ou qu'elle disparaisse par sa transformation en travail; cela ne change rien aux conséquences.

La conclusion principale du travail de Carnot est même une conséquence forcée du principe d'équivalence des transformations du travail et de la chaleur. C'est ainsi que M. Grove, dans son ouvrage (*Corrélation des forces physiques*), l'établit par un raisonnement inspiré par celui de S. Carnot, réduit au dernier degré de simplicité :

« On ne peut pas, dit-il, en changeant le mode d'appli-
« cation mécanique de la chaleur, ou la matière par l'inter-
« médiaire de laquelle on la fait agir, faire produire par une
« source donnée plus de chaleur qu'elle n'en possède originai-
« rement. Or, en admettant que la chaleur est convertie toute
« entière en puissance mécanique, s'il pouvait y avoir, dans
« un cas, surplus de puissance, ce surplus de puissance étant
« converti à son tour en surplus de chaleur, il y aurait *créa-*
« *tion* de force. Par une raison analogue, il n'y aurait pas
« non plus déficit de puissance, parce que ce déficit corres-
« pondrait à un anéantissement de force. »

Ce raisonnement de M. Grove, fondé toujours sur la démonstration par l'absurde, sur l'impossibilité du mouvement perpétuel, de la création de force *de rien*, fixe bien le principe fondamental, mais ne fait pas bien apprécier les conséquences importantes que Carnot en avait déduites.

Reprenons un instant le cycle de Carnot, sans rien supposer quant à la destruction de la chaleur ni à sa conservation, comme l'a fait M. Reech, et reproduisons d'après lui la construction graphique heureusement introduite par M. Clapeyron pour représenter les phases successives.

Soit une masse quelconque de gaz contenue dans une enveloppe non perméable à la chaleur; soient ov, op deux axes rectangulaires sur lesquels nous porterons, pour chaque température t, une abcisse OA pour représenter le volume v et une ordonnée AB pour la pression p.

Si l'on fait diminuer le volume v de l'enveloppe sans ajouter ni ôter de chaleur au gaz, la pression p ira en augmentant le long d'un certain arc d'une courbe BB'. La tem-

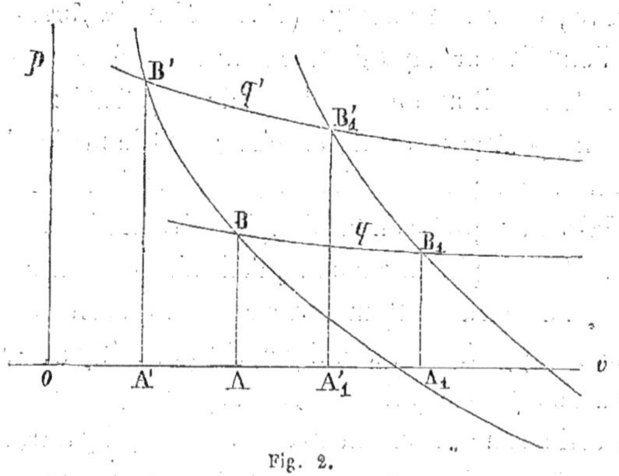

Fig. 2.

pérature t du gaz ira aussi en augmentant par l'effet du travail représenté par l'aire ABB'A'.

Inversement quand, à partir d'un point B', on fera augmenter le volume v de l'enveloppe, sans ajouter ni enlever de chaleur, la pression p descendra le long de la courbe B'B, et la température repassera dans chaque position descendante par la même valeur que celle qu'elle avait en montant.

Cela étant admis, et les variables v, p d'un gaz étant supposées avoir été amenées en un point quelconque B' de la courbe indéfinie BB', de manière que la température se soit élevée de t à t', imaginons qu'une source indéfinie de chaleur A', à la température constante t', soit mise en communication intime avec le gaz, et qu'ensuite on fasse augmenter le volume v, toujours d'une manière infiniment lente, afin de ne pas imprimer de vitesses appréciables aux molécules du gaz.

Alors l'effet immédiat d'une augmentation de volume v sera de faire descendre la pression p le long d'une courbe B'B'$_1$, différente de B'B, et telle que la température du gaz restera constamment égale à t' pendant que la source A' fournira une quantité de chaleur q' qui croîtra avec la longueur B'B$_1$. Inversement, la pression du gaz remontant de B'$_1$ à B' par une diminution de volume, la quantité q' de chaleur sera dégagée.

Cela posé, partant du point B, faisons varier la pression de B en B' le long de la courbe BB', sans addition ni retranchement de chaleur jusqu'à ce que la température ait varié de t à t' par l'emploi d'une quantité de travail représenté par ABB'A'.

A partir du point B', mettons le gaz en communication avec une source de chaleur A', à la température constante t', et faisons aller les variables v et p le long de la courbe B'B'$_1$, à l'aide d'une addition de chaleur q' en produisant le travail représenté par l'aire A'B'A'$_1$B'$_1$.

A partir du point B'$_1$, retirons la source A' et laissons dilater le gaz dans une enveloppe non perméable à la chaleur, le long d'une courbe B'$_1$B$_1$, jusqu'à ce que la température du gaz, diminuant progressivement, soit redevenue égale à t, ce qui nous fera obtenir une quantité de travail égale à l'aire $A_1'B_1'B_1A_1$.

A partir du point B_1, mettons le gaz en communication avec une source de chaleur A entretenue à la température t, pendant que le volume de l'enveloppe ira en diminuant. Alors la pression p remontera le long de la courbe BB_1, correspondant à la température t, du point B_1 au point B. Le gaz cédera à la source A une quantité de chaleur q, et l'on dépensera une quantité de travail représentée par le quadrilatère A_1B_1AB.

Par suite, lorsque le gaz sera ramené à son état initial, il restera un bénéfice net de force motrice S mesurée par l'aire du quadrilatère curviligne $BB'B_1B'_1$. Le fait physique auquel correspond la quantité S sera une diminution de chaleur q' dans la source A' à la température constante t', et une augmentation de chaleur q dans la source A entretenue à la température constante t.

Dans le cercle entier de l'opération il n'y aura eu aucune transmission de chaleur entre des corps à des températures différentes, et, par suite, l'on doit admettre qu'il n'aura pu y avoir aucune perte ou diminution de force motrice; la quantité S devra donc être conçue comme étant le maximum théoriquement possible avec les deux quantités q et q' et les températures données t et t' des sources A et A'.

Ce qui le prouve péremptoirement, c'est que l'opération inverse sera également possible et que, faisant aller les variables v et p d'abord de B en B_1 le long de la courbe BB_1, et de là en B'_1 le long de la courbe $B_1B'_1$, enfin en B le long de la courbe BB', on réussira manifestement à enlever la somme de chaleur q à la source A et à verser la somme correspondante q' dans la source A', avec une dépense de travail égale à la même aire S du quadrilatère curviligne BB'B'₁B₁.

Ceci posé, ce que l'on reproche à S. Carnot, ce que l'on conteste aujourd'hui, c'est d'avoir admis $q = q'$, c'est-à-dire d'avoir admis qu'il n'y avait que *transmission* de chaleur d'un corps chaud à un corps froid. D'après la nouvelle théorie il y a *consommation* de chaleur, et le quadrilatère curviligne BB'B'₁B₁ correspond à la chaleur $q - q'$, qui doit être disparue. Cette différence n'empêche en rien les conséquences fondamentales : que le travail de la chaleur a un maximum théorique ; que, pour réaliser ce maximum, il ne faut jamais mettre en contact des corps à des températures différentes.

Si nous appelons E l'équivalent mécanique de la chaleur, nous aurons $S = E (q - q')$. Si le changement du corps qui reçoit la chaleur ou le mode d'opérer changeait cette valeur du travail produit, s'il n'existait un maximum théorique, de valeur de E pour $q - q' = 1$; si, pour certains cas, elle pouvait être $S + s$, on aurait pour $s = E (q' - q'')$ un certain travail. Donc $q' - q''$ ne serait pas nul, et, comme le dit M. Grove, ce travail additionnel permettrait de reproduire un supplément de chaleur. Il y aurait donc création de chaleur et de force provenant de rien et croissant à l'infini, ce qui est absurde.

Ainsi, grâce aux recherches intéressantes de S. Carnot d'une part, et de MM. Mayer et Joule de l'autre, la théorie de la puissance dynamique de la chaleur peut être considérée comme reposant sur deux propositions fondamentales :

PROPOSITION DE S. CARNOT. — *On obtient tout le travail mécanique que peut produire la chaleur, si celle-ci est entièrement employée à produire des changements de volume ou, ce qui est la même*

*chose, si on ne met jamais en contact des corps de température diffé-
rente. Ce maximum théorique appartient à la chaleur seule et est
indépendant de la nature du corps échauffé.*

PROPOSITION MAYER ET JOULE. — *Le travail mécanique peut se
transformer en chaleur, et inversement la chaleur en travail mécanique. Cette transformation s'opère dans un rapport fixé par
l'équivalent mécanique de la chaleur.*

*L'équivalent mécanique de la chaleur (appelé ci-dessus maxi-
mum théorique) est, pour une calorie, un certain nombre E de kilogrammètres que peut produire cette calorie, et, réciproquement,
un travail mécanique de E kilogrammètres peut, théoriquement,
produire une calorie.*

La détermination de la valeur exacte de ce nombre E est
d'une grande importance ; car les principes ci-dessus sont
sans utilité pour les applications, si on n'en a une connaissance suffisamment approchée. Elle permet d'apprécier, à
première vue, le mérite de toute machine à feu, absolument comme on le fait, pour les moteurs hydrauliques, à
l'aide du travail théorique de la chute disponible. Cette valeur est notamment la condamnation théorique des machines à vapeur actuelles, ou au contraire elle tend à limiter les efforts à faire à la simple recherche d'améliorations
dans la voie parcourue jusqu'ici, si elle indique que les
résultats de la pratique actuelle ne s'éloignent pas trop du
maximum théorique. Cette question, si intéressante pour la
science, est donc en même temps une des plus importantes
pour l'industrie.

Avant d'y passer, montrons comment la notion de l'équivalence de la chaleur et du travail complète les théories de
la chaleur autrefois admises, en des points où elles étaient
insuffisantes.

En premier lieu, la détermination de l'équivalent mécanique de la chaleur ne faisant dépendre le travail que de la quantité de chaleur, du nombre de calories, et nullement de la température, ne laisse rien subsister des considérations souvent mises en avant relativement aux différences de température, aux chutes de chaleur, qui ont conduit S. Carnot lui-même à des conséquences inadmissibles, grâce à une assimilation malheureuse entre le parcours de degrés de l'échelle thermométrique et les hauteurs de chute des corps tombant sous l'influence de la gravité; ce qui le menait à la conséquence de l'accroissement croissant du travail pour une même quantité de chaleur, lorsque la chute de calorique augmentait.

Nous ne comprenons pas comment cet esprit si distingué pouvait commettre cette erreur. Sans doute il y était entraîné par les résultats si avantageux, que les hautes pressions, engendrées à de hautes températures, paraissaient, d'après les théories reçues jusqu'ici, devoir produire, comparativement aux basses pressions. Nous comprenons encore moins comment des savants distingués s'en préoccupent aujourd'hui pour faire de savantes recherches analytiques qui nous semblent sans fondement. Avec la nouvelle théorie, il ne s'agit que de bien utiliser le travail correspondant à la quantité de chaleur incorporée dans un véhicule. En concentrer une plus grande quantité dans un petit volume peut être un moyen de simplifier, d'alléger les machines, commode dans la pratique, mais nullement une condition de supériorité théorique.

D'autre part, une autre conséquence de l'ancienne théorie, qui était peu satisfaisante pour l'esprit, consistait dans la possibilité d'emplois successifs de la vapeur ayant déjà servi d'une manière quelconque dans des machines à vapeur, et pensait-on sans perte, ce qui formait la base d'une foule d'inventions dans lesquelles on sentait quelque analogie avec le mouvement perpétuel. Ainsi on a toujours, et la pratique en a montré les avantages, employé à l'occasion la vapeur sortant de la machine à vapeur pour échauffer l'eau. Par analogie et sans que la théorie le condamnât, plus d'un inventeur a proposé des dispositions pour employer plusieurs fois la vapeur dans des systèmes dont l'économie consistait toujours à retrouver toute la chaleur fournie à la vapeur.

Or, d'après la théorie nouvelle parfaitement d'accord avec la logique comme avec les faits, il n'est pas vrai qu'après de longues détentes, on puisse retrouver toute la chaleur qui a été incorporée dans la vapeur à sa sortie de la chaudière; une partie a disparu et a été convertie en travail. Sans doute, dans la pratique, cette partie est assez faible pour que, aujourd'hui au moins, dans l'état actuel de la machine à vapeur, il y ait avantage à utiliser la chaleur restante; mais, au point de vue théorique, l'absurdité de l'emploi successif et complet de la chaleur sous plusieurs formes, comme travail, puis comme chaleur, est reconnue et arrêtera des spéculations qui ont usé bien du temps et de l'argent à une foule d'inventeurs.

La théorie du travail mécanique de la chaleur étant résumée dans les deux propositions ci-dessus, revenons à ce qui importe pour la compléter, à la détermination de l'équivalent mécanique de la chaleur, du travail que peut produire une calorie dans les cas où les données physiques permettent de le calculer avec quelque exactitude.

CHAPITRE III.

Détermination de l'équivalent mécanique de la chaleur par la mesure du travail engendré par une calorie.

Observations préliminaires. — Pour déterminer l'équivalent mécanique de la chaleur, nous chercherons d'abord la valeur qui peut être calculée pour les diverses formes que peut prendre la matière, d'après les données expérimentales acquises à la science et qu'il est possible d'appliquer avec le plus de sécurité. Nous décrirons ensuite les expériences qui ont été faites, et surtout celles que nous avons tentées pour en fixer la valeur dans le cas où il nous paraissait le plus facile d'y parvenir. De tous ces résultats, il nous sera permis, nous croyons, de conclure une valeur approchée, qui ne pourra être que peu modifiée par des expériences ultérieures.

Mais avant de passer aux déterminations que semblent rendre possibles les données physiques que l'on possède sur les gaz, les solides, les liquides, les vapeurs, il importe de faire une remarque importante déjà faite plus haut et toujours plus ou moins sous-entendue dans ce qui précède, remarque dont M. Clausius, le physicien qui a le plus fait pour attaquer les nouvelles questions dont nous parlons, à l'aide de l'analyse mathématique, a bien reconnu la grande importance.

L'équivalent mécanique correspond à tout le travail de la chaleur, à la totalité des actions tant *intérieures* qu'*extérieures* qu'elle produit sur les corps. Les actions intérieures sont celles qui sont en partie équilibrées par les actions que les molécules des corps exercent les uns sur les autres, et il résulte nécessairement de leur nature que, si un corps, en partant d'un certain état initial et en parcourant une certaine série de modifications, revient à son état primitif, les quantités de travail intérieur, correspondant aux forces moléculaires équilibrées par la chaleur, sont entièrement restituées par la réapparition de celle-ci dans leur état primitif.

Dans les solides, les molécules étant réunies par des forces attractives que révèle leur cohésion, leur résistance à la rupture, l'action de la chaleur qui dilate les solides est de diminuer, de balancer l'action de ces forces. La presque totalité du travail de la chaleur se passe en actions intérieures, et, par le refroidissement, les forces attractives reparaissant, pourraient communiquer le travail produit par la chaleur. On pourrait, si les mouvements moléculaires étaient limités par des obstacles ou mieux par l'emploi de systèmes faisant naître une traction lors du refroidissement, obtenir quelques actions extérieures utiles, et combiner des machines d'une exécution dont la possibilité pratique est douteuse.

Les actions extérieures sont celles qui ne s'annulent pas par des actions moléculaires de sens contraire. Ainsi les gaz étant formés de molécules qui se repoussent mutuellement, l'effet de la chaleur ne pourra être que d'accroître cette répulsion lorsque la température augmente, aussi le refroidissement ne pourra faire naître des actions inverses. Dans ce cas, le travail de la chaleur ne donnera lieu qu'à des actions extérieures facilement utilisables qui correspondront à toute la chaleur employée, et celles-ci entraîneront à des consommations de la totalité de la chaleur sous forme de travail mécanique, si on poursuit l'action de manière à produire une dilatation suffisante.

Dans les liquides, les deux circonstances ci-dessus se trouvent réunies. La chaleur, ne rencontrant que des forces attractives équilibrées par des forces répulsives, communique aux molécules liquides un accroissement de force répulsive qui les réduit en vapeur. C'est là la différence qui existe entre de l'eau à 100° et de la vapeur d'eau à 100°, et qui correspond à une grande quantité de chaleur, sans changement de pression ni de température. Bien que par suite de l'accroissement de volume qui en résulte, le travail produit puisse être considérable, la vapeur (considérée seulement dans le cylindre et indépendamment de l'effet de détente qui l'a fait arriver de la chaudière) conserve après le travail la chaleur déterminée par les expériences de M. Regnault, par la condensation qui ramène l'eau à l'état primitif, comme le solide après son refroidissement. Au contraire, la vapeur une fois formée se comporte comme un gaz, et toute la chaleur qui lui est incorporée agit extérieurement, peut disparaître par suite en produisant un travail. Si, par la détente, on fait refroidir la vapeur, celle-ci agit comme source de chaleur pour la partie non condensée, et toute la chaleur qui lui a été communiquée peut être consommée par un travail extérieur, peut disparaître après avoir été dégagée d'abord par le retour de la vapeur à l'état primitif.

Tout ceci va devenir plus clair par la suite; mais on doit déjà entrevoir les ressources importantes fournies par les principes ci-dessus à la théorie de la machine à vapeur.

Pour bien préciser les notions qui précèdent et qui, à cause de leur nouveauté, sont assez délicates, nous y reviendrons encore en quelques mots.

La propriété reconnue plus haut aux actions intérieures fournit le moyen de distinguer les actions intérieures des actions extérieures, dans les circonstances où il pourrait y avoir doute. Une action est intérieure lorsque le refroidissement produit un effet inverse de celui engendré par l'échauffement; l'action est extérieure lorsqu'il n'en est pas ainsi. En examinant les deux cas les plus saillants, nous dirons :

L'action du passage de la chaleur à travers un gaz permanent est en totalité extérieure; car lorsque celui-ci se refroidit, il n'éprouve par lui-même aucun changement de volume; il remplit toujours tout l'espace dans lequel il est renfermé. Il n'y a pas d'effet moléculaire inverse de celui produit par la chaleur.

L'action du passage de la chaleur à travers un solide est de sa nature presqu'en totalité intérieure; car, par le refroidissement, il se fait une contraction précisément égale à la dilatation qu'avait produite l'échauffement, et l'écartement moléculaire ayant consommé de la chaleur le rapprochement moléculaire, source d'actions énergiques, la restitue.

SECTION PREMIÈRE.

MESURE DU TRAVAIL MÉCANIQUE PRODUIT PAR L'ACTION DE LA CHALEUR SUR DES GAZ PERMANENTS.

L'action de la chaleur sur les gaz étant en totalité extérieure, tout appareil qui les renferme forme en quelque sorte une machine pouvant utiliser tout le travail théorique de la chaleur si on vient à les chauffer, et les résultats connus doivent permettre de mesurer tous les éléments du phénomène.

C'est dans l'action de la chaleur sur les gaz permanents, sur l'air par exemple, que cette détermination offre aujourd'hui le plus de certitude, à cause de la plus grande simplicité de cette action et de la précision des données expérimentales fournies par la physique.

L'air se dilate de 0,00367 de son volume par chaque degré du thermomètre; c'est là une des déterminations les plus précises de la physique, obtenue par des expériences très-délicates qui ont permis de corriger le chiffre $\frac{1}{267}$ ou 0,00370, admis jusque dans ces derniers temps. Le travail produit par un kilogramme d'air, occupant sous la pression atmosphérique 0,77 de mètre cube, pour un échauffement de 1°, sera :

$$0,00367 \times 0,77 \times 10330 = 29,19 \text{ kilog. mèt.}$$

A ce travail produit par l'action directe de la chaleur, il faut ajouter, pour avoir le travail total que produit celle-ci, le travail que pourrait produire encore la chaleur correspondant au retour du gaz échauffé à une température moindre de 1°, à un refroidissement de 1°. L'accroissement de volume qui correspond à l'abaissement de température de 1° est, d'après Laplace, de $\frac{1}{116}$. C'est le chiffre auquel il arriva en corrigeant la vitesse de son qui est donnée par les formules, en montrant qu'il y avait nécessité de tenir compte de l'échauffement de l'air résultant des condensations produites par les ondes sonores, pour faire concorder les résultats de la théorie, qui néglige cet élément, avec ceux de l'expérience. Cette théorie n'étant plus admise aujourd'hui comme tout à fait complète, ce chiffre de 116 ne peut être considéré que comme approché de la vérité. Une expérience directe de Clément et Désormes a fourni le chiffre 0,01. Enfin, d'après Dulong, d'après ses expériences sur les chaleurs spécifiques, une compression de $\frac{1}{267}$ élève la température de 0,421, où pour élever la température de 1° il faudrait une compression de 0,009, un peu moins de 0,01. En prenant $\frac{1}{100}$ pour la valeur cherchée, on doit être plutôt au-dessus qu'au-dessous du chiffre exact.

Ainsi, si nous portons sur une ligne d'abscisses une longueur égale à $\frac{1}{267}$, et si nous prenons une ordonnée proportionnelle à la pression atmosphérique, le rectangle ABCD représentera le travail à pression pleine.

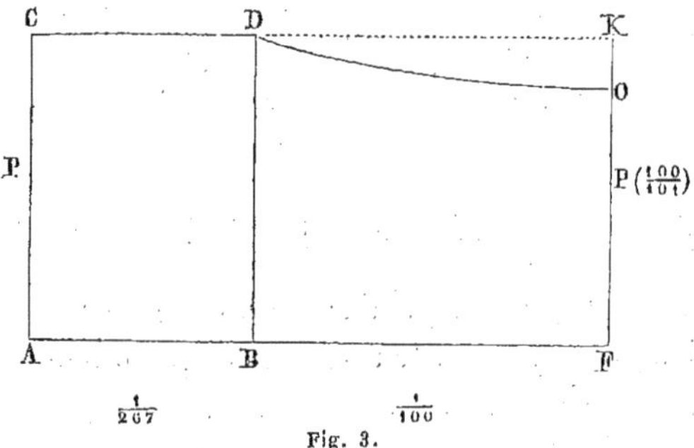

Fig. 3.

Si à la suite de AB nous portons une longueur BF égale à $\frac{1}{100}$, que nous menions l'ordonnée OF égale à $P\frac{100}{101}$, et que nous joignions les chemins D et O par une partie d'hyperbole équilatère, qui représente la succession des pressions, suivant la loi de Mariotte, la figure BDFO représentera le travail de la détente de la pression P à la pression $P\frac{100}{101}$, le volume V devenant $V + \frac{1}{100}V = \frac{101}{100}V$.

Ceci posé, nous savons qu'une dilatation du gaz de $\frac{1}{100}$ du volume, c'est-à-dire qui exige, pour surmonter la pression atmosphérique, le travail représenté par le rectangle BDKF, abaisse la température du gaz de 1°. Or, ce travail diffère de la quantité représentée par l'aire DKO de celui qui représente la détente du gaz suivant la loi de Mariotte, par le seul effet

de son élasticité primitive, effet considéré en général comme
se produisant sans absorption de chaleur. (Remarquons
incidemment que dans les expériences faites pour établir la
loi de Mariotte, on a soin de laisser refroidir le gaz après
chaque compression dégagée par le travail qu'elle a exigé.)
Nous aurons donc la mesure du travail que pourrait produire la chaleur correspondant à l'abaissement de température du gaz de 1°, et même une évaluation trop forte, en la
portant, à cause de la forme de la courbe DE à $\frac{3}{4}$DK $\times$ KO,
au lieu de $\frac{1}{2}$DK $\times$ KO, qui serait la valeur si DO était une
droite, c'est-à-dire pour 0,77 de mètre cube, DK étant égal
à $\frac{1}{100}$ V et KO à $\frac{1}{101}$ de P :

$$0,77 \frac{3}{4} \times \frac{1}{100} \times 10,330 \times \frac{1}{101} = 0,59.$$

Pour tenir compte des causes d'erreur qui peuvent altérer
ces derniers chiffres, nous ferons le calcul pour 0,59 et
$0,59 \times 4 = 2,36$, quatre ou cinq fois la détermination
expérimentale. Nous tiendrons aussi sûrement compte suffisant de toute cause d'erreur, et corrigerons notamment
celle fort minime commise en ne calculant la compression
que pour 1 mètre cube, tandis que nous aurions dû calculer
pour $1^m + \frac{1}{267}$.

Le travail total dû à l'utilisation de chaleur correspondant à l'échauffement de 1° d'un kilogramme d'air, sera
donc $29,19 + 0,59 = 29,78$ et à $29,19 + 2,36 = 31,55$ ki-
logrammes-mètres.

Or, la quantité de chaleur nécessaire pour l'échauffement
d'un kilogramme d'air a été déterminée avec beaucoup de
soin par M. Regnault, et trouvée égale à 0,2377 de calorie.
On peut donc poser les proportions :

$$0,2377 : 1 :: 29,78 : E \text{ et } 0,2377 : 1 :: 31,55 : E ;$$
$$\text{d'où } E = 125, \text{ et } E = 132 \text{ kilogrammes-mètres.}$$

Première valeur de l'équivalent mécanique de la chaleur, du travail mécanique que peut produire une calorie, déterminée d'après les données expérimentales rapportées ci-dessus, les plus précises peut-être que possède la physique aujourd'hui. Aussi doit-on la considérer comme fort rapprochée du rapport existant entre les phénomènes de la chaleur et ceux du mouvement.

SECTION II.

MESURE DU TRAVAIL MÉCANIQUE PRODUIT PAR L'ACTION DE LA CHALEUR SUR LES SOLIDES.

Les solides comme les gaz paraissent propres à déterminer l'équivalent mécanique de la chaleur, l'action de celle-ci étant essentiellement et presque exclusivement une action intérieure, comme elle est extérieure pour les gaz.

Rappelons d'abord le mode d'action de la chaleur sur les corps solides.

Les molécules des corps solides sont réunies par des forces de cohésion considérables que le calorique détruit en partie (nous avons surtout en vue ici les métaux, nous ne parlons pas des pierres, des bois, que la chaleur décompose). La chaleur, communiquée au solide, annule partie des forces de cohésion et produit ainsi des effets de dilatation, puis par l'effet du refroidissement le corps revient à l'état primitif, les forces de cohésion ramenant les molécules à leur première position restituent précisément le travail engendré par la chaleur pour les écarter. On sait que les efforts ainsi exercés sont très-considérables si le chemin parcouru est petit. Chacun connaît l'application faite par M. Molard pour redresser les murs d'une salle de rez-de-chaussée, au Conservatoire des Arts et Métiers.

La connaissance des efforts et du chemin parcouru, facteurs du travail intérieur de la chaleur, peut nous fournir une détermination théorique de l'équivalent de la chaleur ; mais auparavant j'indiquerai une vérification curieuse du principe de Carnot, sur l'équivalence théorique des divers corps pour servir d'excipients de la chaleur, due à M. Person. Cette vérification, qui ne m'a pas été inutile pour arriver à la détermination intéressante que les solides vont me fournir, est également fondée sur la propriété ci-dessus énoncée, que l'action de la chaleur sur les solides produit un travail mécanique moléculaire intérieur.

Fusion des corps. — Il est une température où le travail mécanique produit par la chaleur communiquée à un corps, a une valeur facilement assignable. Nous voulons parler de la liquéfaction d'un corps par communication de la chaleur latente nécessaire, la chaleur sensible restant la même à l'état solide et à l'état liquide.

Puisque la température ne change pas pendant la liquéfaction, tout le travail de la chaleur est utilisé, et la quantité de chaleur que nous savons mesurer, et qu'on appelle chaleur latente, produit le travail de séparer et désunir les molécules qui adhéraient fortement ensemble.

Si le principe que nous avons établi est exact, le même travail sera produit pour chaque métal pour une même quantité de chaleur de fusion. Le rapport du travail produit par la désunion des molécules à la chaleur latente nécessaire pour la produire, sera une quantité constante pour les divers métaux.

Nous empruntons ce qui suit au mémoire publié par

M. Person sur ce sujet dans les *Annales de chimie et de physique*.

« J'ai pensé, dit-il, que ce travail pour séparer les molécules devait être dans une relation simple avec le travail nécessaire pour les écarter d'une certaine quantité. Déjà si l'on jette un coup d'œil sur le tableau des coefficients d'élasticité que M. Wertheim a donné dans les *Annales de chimie et de physique*, on reconnaît que les chaleurs latentes de fusion sont à très-peu près proportionnelles à ces coefficients. Par exemple, il faut deux fois autant de chaleur pour fondre le zinc que pour fondre l'étain ; or le tableau montre que le coefficient d'élasticité du zinc est double de celui de l'étain. Ainsi un métal qui exige un effort double pour le même allongement demande aussi une chaleur double pour se fondre. Le rapport est encore plus remarquable pour le plomb ; c'est un métal qui offre très-peu de résistance : avec un effort cinq fois plus petit on l'allonge autant que le zinc. Eh bien ! il se trouve aussi que la chaleur nécessaire pour le fondre est cinq fois plus petite que celle qu'il faut pour le zinc. On retrouve encore la proportionnalité entre le zinc et le bismuth, quand on a soin de prendre le zinc cristallisé par un refroidissement lent, parce qu'alors sa constitution se rapproche de celle du bismuth.

« Ainsi donc, en désignant par q, q' les coefficients d'élasticité de deux métaux, par l, l' leurs chaleurs latentes de fusion, on a, au moins approximativement,

$$\frac{q}{q'} = \frac{l}{l'}.$$

« Le tableau ci-après fera juger du degré d'approximation. Comme l'état physique des métaux a une grande influence sur leur coefficient d'élasticité, on a pris le rapport pour des états physiques aussi identiques que possible ; c'est-à-dire qu'on a comparé les métaux coulés avec les métaux coulés, les métaux recuits avec les métaux recuits, et ainsi de suite.

Comparaison des coefficients d'élasticité et des chaleurs latentes de fusion.

DÉSIGNATION DU MÉTAL.	RAPPORT $q : q'$			MOYENNE.	RAPPORT $l : l'$.
	D'après les vibrations		D'après l'allongement.		
	Longitudinales.	Transversales.			
Zinc ordinaire étiré. . . . Étain ordinaire étiré. . . Zinc ordinaire recuit. . . Étain ordinaire coulé. . .	2,09 2,00	2,11 2,31	»	2,17	1,97
Zinc ordinaire recuit. . . Plomb recuit. . . . . . . Zinc pur coulé. . . . . . Plomb pur coulé.	4,32 4,69	5,20 4,75	5, 09	4,80	5,23
Étain ordinaire étiré. . . Plomb étiré. . . . . . . Étain ordinaire coulé. . . Plomb coulé.	2,20 2,33	2,33 2,10	»	2,20	2,65
Zinc bien cristallisé. . . Bismuth coulé.	2,38	»	»	2,28	2,22

« Cherchons maintenant pourquoi la proportionnalité n'est qu'approchée. Le coefficient d'élasticité est le poids qui doublerait la longueur d'une tige d'un millimètre de section, en supposant que l'allongement restât proportionnel à la traction. Il résulte de cette définition que, dans la mesure des coefficients d'élasticité, l'on ne compare pas des poids égaux comme dans la mesure des chaleurs latentes ; dès lors il n'est pas étonnant que la proportionnalité n'existe pas rigoureusement. Le poids d'une même longueur, la densité doivent évidemment jouer un rôle dans cette détermination. M. Person a proposé de multiplier les coefficients d'élasticité par la quantité $1 + \dfrac{2}{\sqrt{p}}$, p étant le poids spécifique de la substance consultée.

« On obtient ainsi une formule empirique qui signifie que les chaleurs latentes de fusion sont dans le rapport des coefficients d'élasticité augmentés d'une certaine quantité qui dépend de la densité.

« Voici maintenant des vérifications de la formule. En comparant le zinc au plomb, nous avons eu $\dfrac{q}{q'} = 4{,}80$; la correction actuelle, d'après les densités, revient à ajouter le dixième de cette valeur, ce qui donne 5,28 ; or on a $\dfrac{l'}{l} = 5{,}23$; ainsi l'accord est parfait.

Pour l'étain et le plomb on a eu :

$$\frac{q}{q'} = 2{,}20, \text{ et } \frac{l}{l'} = 2{,}65 ;$$

la différence était assez considérable. Mais maintenant, la correction étant faite, il vient 2,42, et la différence avec 2,65 n'est pas d'un dixième.

« Pour le zinc et l'étain, sans correction, la différence n'est pas non plus d'un dixième ; mais aussi il n'y a pas de correction à faire, puisque les densités sont les mêmes.

« Pour le bismuth, comparé au zinc cristallisé, la correction tendrait à altérer l'égalité des rapports ; cela peut tenir à l'état de cristallisation. »

Dilatation des solides. — Il est bien évident que les résultats précédents ne sont pas fortuits, et on sent que l'on approche d'une importante loi naturelle. Nous parviendrons à la mettre en lumière en cherchant la formule qui comprend l'équivalent de la chaleur, base du calcul de l'action de la chaleur sur les corps; en ne faisant plus disparaître, comme dans le calcul précédent, la valeur constante de l'équivalent mécanique de la chaleur, qui entre comme facteur commun, et de la même manière, dans l'expression du travail qui produit la dissociation des molécules des divers corps; en un mot, en reliant ensemble les élasticités, les dilatations et les chaleurs spécifiques des corps. Cette réunion des éléments divers qui, appartenant à un même corps, sont l'expression de sa nature intime, me paraît avoir une grande importance pour les progrès de la physique, et la détermination de l'équivalent mécanique de la chaleur qui en résulte me paraît avoir beaucoup de valeur, bien qu'elle ne puisse avoir une très-grande précision, résultant d'une combinaison de chiffres qui ont chacun leur erreur propre, et qui ne peuvent tous être déterminés avec beaucoup d'exactitude.

Si nous considérons l'unité de poids d'un corps, son échauffement de 1° sera mesuré par sa chaleur spécifique, et la fraction de calorie qu'elle représente, multipliée par l'équivalent mécanique de la chaleur, donnera le travail théorique que cette chaleur peut produire.

On connaît une autre expression de ce travail. En effet, la chaleur produit une dilatation cubique du corps dont la grandeur est connue, et cette dilatation ne peut s'effectuer qu'autant que la chaleur surmonte les forces de cohésion des molécules du corps. Or les belles expériences de M. Wertheim sur l'élasticité des corps permettent de considérer comme déterminé avec toute l'approximation possible (malheureusement assez limitée) le poids qui produit un allongement permanent. Ce poids exprime bien la valeur de la cohésion des molécules, le poids le plus fort qui pourra être enlevé par le corps, si on l'a suspendu à celui-ci pendant qu'il était échauffé et qu'on le laisse refroidir.

Le produit de la dilatation cubique produite pour l'échauffement de $1°$, par le poids qui pourra être soulevé par l'action de la chaleur, sera donc la mesure du travail engendré, du produit de la résistance par le chemin parcouru. Il faut toutefois qu'on remarque que ce poids est égal à la résultante des forces moléculaires sur une face de section du corps, c'est-à-dire si V est le volume $= \dfrac{1}{d}$, puisqu'on opère sur l'unité de poids, d étant la densité, sur une face dont le côté est $\sqrt[3]{\dfrac{1}{d}}$ et la face $\left(\dfrac{1}{d}\right)^{\frac{2}{3}}$. Ces efforts sur un corps supposé de forme cubique, exercés sur trois faces, trois plans coordonnés rectangulaires, représentent donc bien les résultantes des actions de cohésion.

Nous en arrivons donc à l'équation : $DP \left(\dfrac{1}{d}\right)^{\frac{2}{3}} = CE$.

(D) dilatation cubique, (P) poids produisant l'allongement permanent, (C) chaleur spécifique, (E) équivalent mécanique de la chaleur ; formule homogène, la chaleur spécifique se rapportant à la même unité au kilog. d'eau comme la densité et E représentant des kilogrammètres comme DP.

Voyons donc les résultats que nous donnent les principaux métaux, en employant les valeurs de P déterminées par M. Wertheim d'après les vibrations :

MÉTAUX.	Poids produisant des allongements permanents. (Wertheim.)	Densités.	Chaleurs spécifiques. (Regnault.)	Dilatations cubiques.	Équivalent mécanique de la chaleur.
Plomb coulé.	1993	11,21	0,031	3/351	109
Étain coulé.	4172	7,40	0,056	3/500	132
Zinc	8734	7,14	0,10	3/340	207
Cuivre . . .	10519	8,93	0,095	3/582	133
Argent . . .	7140	10,30	0,057	3/524	149
Or	5584	18,03	0,032	3/682	112
Platine. . .	15683	21,20	0,032	3/1167	165
Fer.	18613	7,55	0,1137	3/846	152
			Valeur moyenne de E.		144

La moyenne se rapproche d'une manière. très-remarquable du chiffre déjà trouvé, malgré la variété des éléments qui entrent dans le calcul, éléments déterminés dans des conditions très-diverses le plus souvent. Les différences sont sensibles seulement pour le platine et le zinc, dont les dilatations et les résistances sont très-variables en raison de l'état moléculaire, que modifie l'étirage, le laminage, etc. Le zinc surtout, pour lequel ces éléments ont des valeurs très-différentes, suivant qu'il a été étiré ou fondu, demande des déterminations précises de ces divers éléments pour un même mode de préparation, ce qui n'a pas lieu pour les chiffres du tableau ci-dessus.

En laissant donc, avec toute raison, ce métal de côté, la moyenne des autres déterminations comprenant tous les métaux est E = 136.

La vérification est donc très-satisfaisante et la relation que le raisonnement nous permet d'établir mise hors de doute. Plus simple que celles qui nous ont permis de calculer l'action de la chaleur sur les gaz, elle peut être plus utile. L'équation dans laquelle entrent, avec l'équivalent mécanique de la chaleur, d'autres éléments, offre l'avantage de pouvoir déterminer indirectement un des termes, les autres étant connus.

Observations sur les résultats obtenus par M. Person. — Nous pouvons maintenant apprécier la valeur de la loi indiquée par M. Person, et montrer pourquoi elle n'est qu'approchée.

Si l'on multiplie le travail de la chaleur fourni par l'équation ci-dessus, par le nombre n de degrés nécessaires pour produire la fusion, les molécules seront désassociées, et la quantité de chaleur employée doit être exactement égale à la chaleur latente, c'est-à-dire que l'on aura $n\mathrm{P}\dfrac{1^{\frac{2}{3}}}{d} = \mathrm{E}l$. Le rapport entre les chaleurs latentes de deux métaux sera donc à bien peu près celui obtenu par M. Person, multiplié par $\dfrac{n}{n'}$, correspondant aux points de fusion, c'est-à-dire qu'elle n'est applicable, sous la forme donnée plus haut, qu'à des métaux dont les points de fusion sont peu éloignés entre eux.

SECTION III.

MESURE DU TRAVAIL MÉCANIQUE PRODUIT PAR L'ACTION DE LA CHALEUR SUR LES LIQUIDES.

Les liquides se dilatent par la chaleur, de fractions de leur volume beaucoup moindre que les métaux. Si l'on connaissait les efforts qu'ils peuvent surmonter en se dilatant, on pourrait établir une équation analogue à celle que nous avons donnée ci-dessus pour les solides.

V étant le volume du liquide, d sa densité, P la pression dont nous venons de parler, D sa dilatation pour l'unité de volume, C la chaleur spécifique pour l'unité de poids, on aurait

$$\mathrm{VDP} = \mathrm{V}d\,\mathrm{CE} \quad \text{ou} \quad \mathrm{DP} = d\,\mathrm{CE},$$

qui permettraient de calculer E, si P était connu pour les principaux liquides comme le sont les autres quantités qui entrent dans l'équation.

On pourrait croire que ce terme P doit avoir un rapport intime avec la compressibilité des liquides; mais il est facile de reconnaître qu'il n'en est rien. L'incompressibilité presque totale des liquides ne résulte pas de la résistance opposée par des forces moléculaires, mais de ce que leurs molécules étant en quelque sorte sans action les uns sur les autres, ils résistent comme du sable; ils transmettent les pressions sans engendrer de travail moléculaire. Aussi, dans les expériences sur la compression des liquides, n'a-t-on jamais constaté pour les plus grandes charges le dégagement de quantités de chaleur notables, et leur faible compressibilité apparente n'est probablement due qu'à ce que les expériences sont faites, à tort, à une même température, au lieu d'être faites à une même distance de la température de la formation des liquides, de la liquéfaction de leur vapeur, point pour lequel le mode de résistance, dont nous parlons plus haut, est rigoureusement vrai.

On pourrait toutefois obtenir ces valeurs de P à l'aide de l'appareil d'Œrsted, qui sert à étudier la compressibilité des liquides. Il suffirait d'observer les effets de compression à diverses températures, de manière à atteindre le point où s'opérerait la compensation exacte entre l'effet de la chaleur et la compression, ce qui donnerait la valeur de l'effort qui s'opposerait alors à la dilatation. D'après les déterminations connues, elle correspondrait sûrement à des efforts considérables.

Jusqu'à de semblables expériences, l'équation ci-dessus ne peut servir à déterminer l'équivalent mécanique de la chaleur; mais celui-ci étant connu, elle permet de déterminer P, quantité qu'il peut être intéressant de considérer, pour comparer la constitution intime de divers fluides à diverses températures, pour lesquelles on connaîtra la valeur des termes D, d, C.

§ 1er. — *Chaleur latente des liquides.*

Nous pouvons suivre les effets de la chaleur dans le cas où elle réduit le liquide en vapeur, sans parler du travail possible par cette vapeur même, que nous allons bientôt étudier. La production de la vapeur, par la transformation du liquide en vapeur, produit un travail sensiblement égal pour les divers liquides, ce qui est assez naturel, puisqu'ils se gazéifient dans des circonstances semblables, en surmontant une même pression atmosphérique.

Soit 1 kilog. d'un liquide quelconque, dont d est la densité, occupant par suite un volume égal à $\dfrac{1}{d \times 1000}$ en mètres cubes. Ce corps, se réduisant en vapeur, occupe un volume égal à m fois le volume du liquide, on a $\dfrac{m}{d \times 1000}$ mètres cubes; le volume produit sera $\dfrac{m-1}{d \times 1000}$, qui, multiplié par la pression atmosphérique, ou 10330, donnera le travail produit par la gazéifaction.

La chaleur dépensée pour obtenir ce résultat est la chaleur latente l, plus en partant de 0 à $c\alpha$, α étant la température d'ébullition, c étant la chaleur spécifique du liquide, on aura donc pour une calorie :

$$T = \frac{(m-1)\,10330}{d\,(c\alpha \times l)\,1000}.$$

Eau : $m = 1700, d = 1, c = 1, \alpha = 100, l = 536.$

$$T = \frac{(1700-1)\,10330}{650 \times 1000} = 27{,}60 \text{ kilog. mét.}$$

Alcool : $m = 520, d = 0{,}8, c\alpha + d = 255.$

$$T = \frac{(520-1)\,10330}{0{,}7 \times 255 \times 1000} = 28 \text{ kilog. mét.}$$

Éther : $m = 28, d = 0{,}71, c\alpha + l = 109.$

$$T = \frac{(218-1)\,10330}{0{,}71 \times 109 \times 1000} = 29 \text{ kilog. mét.}$$

Cette similitude dans les résultats est de peu d'importance, car T n'est pas l'équivalent de la chaleur, mais seulement le travail consommé pour surmonter la résistance constante qu'oppose la pression atmosphérique. La chaleur consommée a produit ce travail en communiquant aux molécules la répulsion qui crée l'état gazeux à la pression considérée. Il reste à calculer le travail que peut produire après cela la chaleur emmagasinée dans la vapeur, car il faut une rotation complète pour revenir à l'état primitif et pouvoir calculer le rapport du travail et de la chaleur. C'est cette question, la plus importante pour l'application, que nous allons maintenant étudier dans ses rapports avec la détermination de l'équivalent mécanique de la chaleur.

§ 2. — *Vapeur d'eau.*

Nous allons essayer un calcul analogue aux précédents pour la vapeur d'eau, question d'un bien grand intérêt, puisqu'elle peut conduire à compléter la théorie de la machine à vapeur. Pour d'autres vapeurs, c'est-à-dire pour des corps semblables, les résultats seraient sûrement équivalents en passant par des chiffres différents, mais les données manquent complétement. Elles sortiront prochainement sans doute de la grande série d'expériences sur les forces élastiques des vapeurs diverses que M. Regnault exécute en ce moment, et permettront probablement de formuler quelques lois complètes, fondées sur le travail de la chaleur qui produit la vapeur, qui viendront donner quelque chose d'analogue aux approximations que fournit la loi de Dalton sur l'égale tension des vapeurs à égale distance de la température de leur production.

Avant d'arriver au calcul que nous nous proposons, nous devons d'abord indiquer un phénomène particulier qui a lieu lors de la détente de la vapeur d'eau.

Son observation est due à M. Hirn du Logelbach, près Colmar, qui a constaté ce que nous avions indiqué depuis longtemps comme infiniment probable. Il a vu (*Bulletin de la Société industrielle de Mulhouse*) que si l'on fait passer de la vapeur dans un tube A, garni à ses deux extrémités de deux verres qui se correspondent, la vapeur est parfaitement transparente tant qu'elle passe à travers le tube, et aussi lorsqu'on ferme les robinets de sortie, puis d'entrée. Si, alors, on vient à ouvrir brusquement le robinet de sortie de la vapeur dans l'air, il se produit

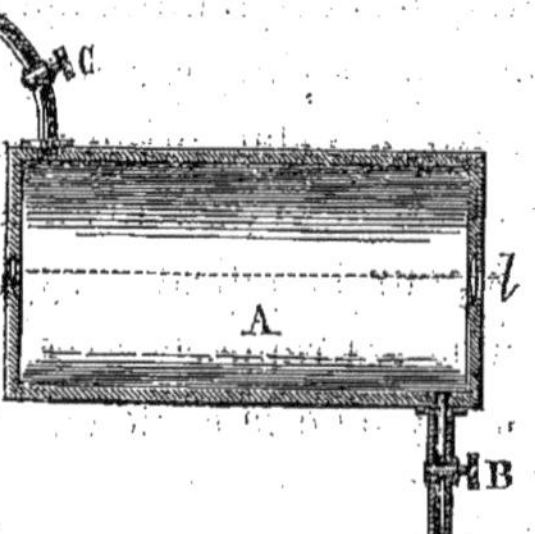

Fig. 4.

instantanément un brouillard très-épais. D'où cette conséquence que, par la détente, il se produit de l'eau vésiculaire, que la vapeur reste toujours saturée. Les chiffres de M. Regnault, qui indiquent que la vapeur contient d'autant plus de chaleur qu'elle est à une pression plus élevée, ne prouvent pas, comme on l'avait conclu à tort, que, par la détente, la vapeur devienne surchauffée. La détente entraîne une consommation de chaleur telle qu'il se produit non-seulement une diminution de température, de pression, comme pour les gaz, mais, de plus, précipitation d'eau ; expérience qui, soit dit en passant, montre toute l'importance du rôle des enveloppes, qui ont pour fonction essentielle de vaporiser l'eau amenée à l'état vésiculaire.

L'élément essentiel du calcul que nous tentons ici se rapporte au refroidissement produit par la détente. Nous n'avons aucune donnée à cet égard, mais il paraît tout à fait évident *à priori* qu'une vapeur, dans le voisinage de son point de liquéfaction, doit dégager beaucoup plus de chaleur, pour la compression d'une même fraction de son volume primitif, qu'un gaz permanent. Comme, d'un autre côté, la chaleur spécifique de la vapeur d'eau est bien plus grande que celle d'un gaz simple (elle a été trouvée égale à 0,45 par M. Regnault), qu'elle est sensiblement double de celle de l'air, il semble qu'il faudrait une quantité double de chaleur pour faire varier sa température de 1° et sans la première considération nous devrions remplacer $\frac{1}{100}$ par $\frac{2}{100} = \frac{1}{50}$. Ne sachant pas comment ces deux éléments se balancent, ce qui serait nécessaire pour le calcul que nous nous proposons ici, nous conserverons le chiffre de $\frac{1}{100}$, qui se vérifie passablement par les seules expériences que nous possédions et dont nous parlerons plus loin.

Ceci établi, nous pouvons entreprendre de calculer le travail théorique de la vapeur d'eau, en analysant les divers faits qui se passent simultanément lors de la détente de la vapeur, savoir sa diminution de pression et son refroidissement par l'effet de sa dilatation, son réchauffement par la précipitation de partie de la vapeur, le passage de celle-ci à l'état vésiculaire et le dégagement de sa chaleur latente.

La première partie du travail de la vapeur est celle qui s'exerce par l'action directe, par l'action intérieure moléculaire engendrée par la chaleur que nous avons trouvée plus haut égale à 27,60 kilog. mét.

Nous partons pour ce calcul de la pression atmosphérique. Pour une température et une pression plus élevée, le résultat serait peu différent, le produit du volume de la vapeur par la pression variant lentement, comme la quantité de chaleur qu'elle renferme.

Il importe de remarquer que cette quantité est le travail *virtuel* de la vapeur, mais non celle qui peut être transmise au piston d'une machine. En effet, dans ce cas, et surtout lorsqu'une action de détente doit intervenir, il faut que le vide soit effectué sur une des faces du piston et par suite que la vapeur soit chassée de la chaudière dans le corps de pompe par une action de détente de la vapeur renfermée dans celle-ci, ce qui entraîne une consommation de chaleur. Cet effet n'est pas apparent à cause de la chaleur sans cesse fournie par le foyer, mais n'en est pas moins réel, et ce travail doit être déduit de la quantité trouvée. La mesure en étant inconnue, demandant des expériences directes d'une grande délicatesse, mais devant se rapprocher de la totalité du travail, nous prendrons, par approximation et comme bien au-dessous de la vérité, 17,60 pour valeur du travail à déduire comme fourni par une quantité de chaleur étrangère, et nous ne compterons ci-après le travail direct que de 10 kilog. mét.

Le travail direct n'est pas le seul produit par la chaleur; il est évident qu'il faut lui ajouter celui produit par la détente. Si le volume v devient $2v$, la chaleur consommée par cette dilatation sera pour 100 fois $\frac{1}{100}$ égale à 100°, soit $1,70 \times 100 \times 0,45 = 76,50$ calories, 0,45 étant la chaleur spécifique de la vapeur d'eau. La quantité de vapeur condensée qui dégagera la chaleur servant à réchauffer la vapeur sera $\frac{76}{636} = 0,12$, c'est la quantité qui, en se condensant, empêche l'abaissement de la température de la vapeur, qui ne varie plus qu'en raison de la pression.

En vertu de la loi de Mariotte, la pression étant réduite à moitié par la détente d'un volume égal à son volume primitif et de 0,12 par la condensation de la vapeur, n'est donc plus que $\frac{1}{2}(1 - 0,12) \times 1,030$ au cent. carré $= 0,45$. Cette pression est celle de la vapeur saturée à 77°, laquelle renferme, d'après Regnault, $606 + 0,305 \times 77 = 619,5$ calories. Il y a donc $636 - 619,5 = 16,5$ calories qui ne se retrouvent pas dans la vapeur et qui ont été dégagées, qui disparaissent par l'abaissement de pression, ce qui fait qu'il ne se produit qu'une condensation en réalité moindre que ne l'indique le calcul ci-dessus ; mais il n'y a pas à tenir lieu de cet effet qui ne modifie pas le travail produit, si on veut appliquer la loi de Mariotte au calcul de la détente.

Pour le nombre de calories consommées par la détente et la dilatation du gaz, le travail correspondant au doublement de volume étant, pour un mètre cube, en partant de la pression atmosphérique, et en suivant la loi de Mariotte (voir la table calculée par M. Poncelet donnant le travail de 1 m. c. pour diverses détentes), $17496 - 10330 = 7166$, sera pour le cas actuel $7166 \times 1^{m},70\,(1 - \frac{0,12}{2}) = 10720$ kil. mét. Le travail par calorie sera donc $\frac{10720}{76,8} = 149$, ce qui, réuni au travail direct calculé ci-dessus, nous donne $E = 149 + 10 = 159$ calories, qui représentera bien le travail total de la chaleur employée, tant à produire une action directe par la gazéification de la vapeur qu'un travail par la détente en raison du retour de la vapeur à l'état d'eau à 100°.

§ 3. — *Expériences directes avec la machine à vapeur.*

La machine à vapeur comme toute machine à feu doit fournir le moyen d'obtenir expérimentalement, et non plus par l'utilisation des données physiques connues, une valeur des déterminations du travail dû à la chaleur, et de plus fournir la confirmation directe des conceptions théoriques, de l'exactitude de la notion d'équivalent mécanique de la chaleur. En effet, en suivant le travail d'une machine à feu, d'une machine à vapeur, on pourrait mesurer la chaleur qui en sort par le condenseur, qui n'est pas dispersée par le refroidissement, la comparer avec la quantité fournie par le foyer, et mesurer en même temps le travail produit par la machine. Si la quantité de chaleur qui sort de la machine diminue proportionnellement au travail produit, cette proportion déterminera la valeur de l'équivalent mécanique de la chaleur, en même temps que le phénomène même prouvera l'exactitude de la nouvelle théorie : la réalité de la transformation de la chaleur en travail.

Ces expériences peuvent être faites de deux manières.

La première consisterait à employer une machine de petites dimensions, pour laquelle tous les éléments du travail s'évalueraient avec grande facilité. Le chauffage au gaz de la chaudière, l'évaluation des résistances passives à l'aide de la manivelle dynamométrique (la machine étant assez petite pour qu'on puisse la faire marcher à bras, sans vapeur), et enfin l'emploi du travail produit pour faire surmonter à la machine une résistance constante, consistant, par exemple, à élever à une certaine hauteur l'eau du condenseur ; tels sont les éléments qui faciliteraient l'étude des phénomènes qui se passeraient dans une petite machine pouvant permettre des détentes de 15 à 20 fois le volume primitif. Toutefois, le faible poids de la vapeur employée, et par suite l'influence du refroidissement, dont l'effet serait comparable à la quantité de chaleur à mesurer, rendrait ces observations, que nous n'avons pu encore tenter, peut-être inférieures à celles dont nous allons parler et que nous devons encore à l'ingénieux M. Hirn du Logelbach. Elles auraient toutefois une véritable importance à cause de la possibilité de calculer exactement la chaleur produite dans le foyer, ce qui ne se fait jamais.

La seconde manière d'opérer consiste à suivre pendant longtemps les circonstances du travail de puissantes machines. La grandeur des machines, et surtout la longue durée des observations, amoindrissent les variations qui peuvent se produire, et permettent à un habile observateur d'obtenir des résultats un peu exacts, parce que les chiffres sur lesquels on opère sont assez grands. En tous cas, nous n'avons à ce jour d'observations que dans cette voie; elles suffisent, ce nous semble, pour la vérification dont nous avons besoin. Elles prouvent d'abord parfaitement la disparition d'un nombre considérable de calories par la détente, et par suite la réalité de la loi physique due aux recherches des savants; de plus elles fournissent une détermination de l'équivalent de la chaleur, qui se rapproche assez de celles obtenues précédemment et qui est bien dans la limite d'exactitude possible avec de semblables expériences.

Avant d'entrer dans le détail des expériences, nous emprunterons à M. Hirn le tableau qui les résume. Elles ont été faites avec : une machine de Watt, à un cylindre; une machine de Wolf, à 2 cylindres; avec la vapeur saturée; avec la vapeur surchauffée jusque vers 240°.

ESPÈCE de la MACHINE	Détente.	PRESSION				Force en chevaux.	Vapeur par heure et par cheval.	Houille par heure et par cheval.	Température de la vapeur.	Calories de la vapeur envoyée au cylindre; vapeur du cylindre; eau, vésiculaire; action de l'enveloppe, frottement du piston moins perte par les parois.	Calories reçues par l'eau injectée et correspondant à un coup de piston.	Différence ou calories disparues	Travail dû à la détente pour un coup de piston.	Équivalent mécanique.	Calories disparues par kilog. de vapeur.
		Dans la chaudière.	DANS LE CYLINDRE.												
			Avant la détente.	Après la détente.	Après la condensation.										
VAPEUR SATURÉE.															
(3) 1 Cylindre.	1 : 3,4	4ª,5	3,35	1,2	0,25	102	15ᵏ64	3,51	149°	292,5	256	36,50	5,502ᵏᵐ	151	77
(5) 1 Cylindre.	1 : 5,2	4,5	3,12	0,8	0,17	»	»	»	149	214,1	191,7	22,40	»	»	60
(7) 2 Cylindres.	1 : 4,3	3,75	3,7	0,81	0,3	102	12ᵏ50	1,92	143	264,5	229,1	35,4	5,646	159	85
VAPEUR SURCHAUFFÉE à 235 ou 240.															
(4) 1 Cylindre.	1 : 3,4	4,5	3,85	1,1	0,18	130	9ᵏ6	1,77	240	254,3	213,6	40,7	5,111	126	105
(6) 1 Cylindre.	1 : 5,2	4,5	3,62	0,7	0,18	94	9ᵏ2	»	240	176,3	150,8	25,5	4,518	177	95
(8) 2 Cylindres.	1 : 4,3	3,75	3,7	»	0,2	107	10ᵏ	1,60	215	240,4	210,3	30,1	6,152	204	74
(11) 2 Cylind. Enveloppe vide.	1 : 4,3	3,75	3,7	»	0,2	88	11ᵏ7	»	214	241,5	204	37,50	4,521	120	100
(12) id. Enveloppe pleine de vapeur saturée à 3ª,75.	1 : 4,3	3,75	3,7	»	0,2	102	9ᵏ52	»	225	236,1	195	33,60	5,646	165	97

La difficulté des observations de phénomènes aussi complexes est facile à apprécier, et on comprend aisément comment on ne peut arriver à un haut degré de précision. Nous renverrons au mémoire de M. Hirn les personnes qui voudront connaître en détail ces expériences (*Bulletin de la Société industrielle de Mulhouse*, n°ˢ 138 et 139. 1857). Nous n'en dirons que quelques mots.

La première condition à remplir pour de semblables observations qui doivent nécessairement durer assez longtemps, c'est que les déterminations prises en un instant s'appliquent au moment suivant; ce qui suppose notamment, par rapport à la consommation de vapeur, que la machine marche toujours aux mêmes pressions, détente, vitesse. M. Hirn y parvenait grâce à la constance des résistances et à l'habileté des chauffeurs. En pesant la quantité d'eau injectée dans la chaudière et nécessaire pour maintenir égaux le niveau final et initial de celle-ci, on aura la consommation d'eau et de vapeur, en tenant compte toutefois de l'eau enlevée à l'état vésiculaire dans une proportion déterminée par des expériences préliminaires.

La quantité de chaleur contenue dans un poids donné de vapeur saturée est bien connue aujourd'hui après les travaux de M. Regnault; c'est la connaissance précise de cette quantité qui seule a rendu possible le travail de M. Hirn. On sait qu'elle est $606 + 0,305$ T. à saturation, et qu'il faut ajouter à ce terme $+ 0,45$ (T'—T) pour tenir compte, s'il y a lieu, d'une surchauffe à la température T'.

L'observation des pressions dans le cylindre a bien démontré la grande réaction des parois sur le refroidissement de la vapeur, parois refroidies par l'absorption de chaleur due à la détente et à la condensation de la vapeur. On voit que dans le petit cylindre de la machine de Wolf, où le travail s'effectue toujours à pression pleine, la pression est toujours sensiblement la même que dans la chaudière, et que pour la machine de Watt, au contraire, la différence est toujours considérable et atteint ici un quart. Cela confirme les expériences faites sur les enveloppes, et explique bien leur utilité.

L'eau du condenseur était versée dans des vases jaugés, ce qui permettait, par un calcul bien simple et à l'aide de quelques observations thermométriques, de connaître la quantité de chaleur rejetée par le condenseur.

Le travail total de la machine était connu tant par des expériences au frein que par la substitution à la machine à vapeur de turbines dont le travail est bien connu (méthode analogue à celle des doubles pesées, heureusement imaginée par M. Hirn), enfin le rapport de l'action directe à la détente pouvait se déduire de la mesure des courbes fournies par l'indicateur de Watt. Il faut bien noter en effet qu'après l'action directe de la vapeur, on retrouve dans le condenseur, lorsqu'il n'y a pas de détente, toute la chaleur fournie par la chaudière, celle connue par les expériences de M. Regnault, comme nous l'avons déjà expliqué. Il n'y a consommation de partie de la chaleur envoyée au cylindre (nous ne disons pas à la chaudière) que par la détente.

Ces expériences confirment pleinement la théorie en montrant la rapidité de l'absorption de la consommation de la chaleur qui monte à 105 calories pour une détente, dans un rapport de 3,4 à 1 (expérience 4), soit 120 pour 4 à 1 ; c'est un peu plus que ce que nous avons trouvé, en admettant $\frac{1}{100}$ pour l'accroissement de volume qui produit un abaissement de température de 1°, qui donne environ 152 pour deux doublements successifs de volume. La différence est dans les limites des erreurs d'observation, puisque nous voyons cette quantité varier dans ces expériences, de 77 à 105 pour une même détente.

Pour passer de la détermination du travail fourni par l'indicateur, et dans lequel les frottements et résistances diverses étaient sensiblement proportionnels à ceux de la machine expérimentée, M. Hirn a admis le coefficient 0,80 admis par les pompes à air des souffleries bien établies. Il a donc divisé par ce nombre les résultats obtenus, ce qui ne pouvait être d'une grande précision. Nous croyons ce chiffre trop fort, vu l'absence du volant, des pertes de chaleur qui n'existent pas dans les souffleries.

La moyenne des valeurs de l'équivalent mécanique de la vapeur que fournissent les déterminations de M. Hirn étant de 155, auxquelles on doit ajouter 10 cal. pour l'action directe de la vapeur, pour obtenir tout le travail que peut produire la chaleur pour ramener à 40° l'eau prise à cette température pour la réduire en vapeur, la valeur $E = 165$ est celle qui ressort de ces expériences, avec une approximation un peu grossière, mais d'un grand intérêt. Elle est sûrement un peu forte, comme nous l'avons observé plus haut ; mais cela n'enlève rien au mérite de l'éminent observateur qui a le premier su reconnaître, dans la pratique de la machine à vapeur, les conséquences de la théorie la plus délicate.

Si l'on prend les valeurs extrêmes des déterminations de M. Hirn, E se trouve varier de $E = 125$ à $E = 209$.

CHALEUR DES CORPS ORGANISÉS.

Nous terminerons ces déterminations de l'équivalent mécanique du travail de la chaleur à l'aide du travail produit par celle-ci, par une induction qui nous paraît offrir quelque intérêt.

On sait que la vie, chez l'homme, est entretenue par la respiration, véritable combustion du carbone des substances servant à la nutrition, source de la chaleur du corps humain, et que cette chaleur est en rapport nécessaire avec le travail mécanique que l'homme peut exercer. Il s'agit évidemment ici d'un appareil de combustion, infiniment supérieur à ceux que nous pouvons employer dans l'industrie, ne donnant pas les pertes relativement très-considérables qu'on ne peut éviter avec nos meilleurs foyers.

Cet aperçu n'a pas échappé à M. Dumas, qui dit (*Statique chimique des êtres organisés*) : « Pour monter au sommet du mont Blanc, un homme emploie deux journées de douze heures. Pendant ce temps, il brûle en moyenne 300 grammes de carbone ou l'équivalent d'hydrogène. Si une machine à vapeur s'était chargée de l'y porter, elle en aurait brûlé 1,000 ou 1,200 pour faire le même service. Ainsi, comme machine empruntant toute sa force au charbon qu'il brûle, l'homme est une machine trois ou quatre fois plus parfaite que la plus parfaite machine à vapeur.

« Nos ingénieurs ont donc encore beaucoup à faire, et pourtant ces nombres sont bien de nature à prouver qu'il y a communauté de principes entre la machine vivante et l'autre ; car si l'on tient compte des pertes inévitables dans les machines à feu, et si soigneusement évitées dans la machine humaine, l'identité du principe de leurs forces respectives ressort manifeste et évidente aux yeux. »

Dans un calorimètre, 1,000 grammes de charbon produisent 7,500 calories, 300 grammes peuvent donc en produire 2,250, qui, multipliées par 140, donnent 315,000 kilogrammes métr.

Le mont Blanc a 4,810 mètres, le poids moyen de l'homme est de 65 kilog., le travail produit par des efforts qui certes ne sont pas ordinaires, pour l'y porter, est donc 312,650 kilog. mèt.

L'appareil humain, considéré comme un appareil de combustion parfait, confirme donc pleinement le chiffre auquel je parviens par d'autres voies. On ne saurait admettre un chiffre plus fort, et surtout un chiffre *double* ou *triple* sans déclarer, contre toute probabilité, le corps humain une machine très-imparfaite pour convertir la chaleur en travail.

RÉSUMÉ.

Si nous récapitulons les déterminations de l'équivalent mécanique de la chaleur obtenues en calculant le travail produit par l'application aux corps, dans leurs divers états, de l'unité de chaleur, nous trouvons les résultats suivants, que nous diviserons en deux catégories. La première comprend celles qui ont le plus de valeur, qui sont obtenues à l'aide de données expérimentales les plus certaines ; la seconde celles obtenues à l'aide d'éléments mal déterminés, dont on ne peut déduire qu'une approximation.

Valeurs de l'Équivalent de la chaleur.

	1ʳᵉ CATÉGORIE.		2ᵉ CATÉGORIE.
Gaz.	125	à	132 kilog.
Solides.	136	à	144
Vapeur. { (Par calcul).	»		159
Vapeur. { Expériences de M. Hirn.	125	à	209

Nous devons remarquer que la plus importante des déterminations ci-dessus, celle qui se rapporte au travail des gaz simples, si elle résultait d'expériences directes, devrait pécher en moins, par la raison qu'elle répond à des expériences où la quantité de chaleur serait bien certaine, mais pour laquelle le travail correspondant serait diminué de résistances passives. Une détermination théorique obtenue par un mode d'opérer fictif, quelque peu analogue, doit conserver quelque chose de ce caractère. Nous allons chercher s'il ne serait pas possible de trouver un autre mode d'expérimentation dans lequel l'erreur fût en sens inverse, pour la resserrer entre deux limites. Pour le moment, nous conclurons de ce qui précède, comme une valeur un peu supérieure à celle de l'équivalent mécanique de la chaleur, le chiffre 140, chiffre obtenu en augmentant assez sensiblement celui résultant des meilleures déterminations théoriques qui serait peu supérieur à 130.

CHAPITRE IV.

Détermination de l'équivalent mécanique par méthode inverse, ou calcul de la chaleur produite par une quantité de travail déterminée.

La mesure du travail que peut produire l'unité de chaleur est le mode qui se présente le plus naturellement à l'esprit, pour calculer la valeur de l'équivalent mécanique de la chaleur. Mais, en y réfléchissant un peu, on voit qu'il doit exister une méthode inverse, ou, si l'on aime mieux, que l'on peut se proposer de rechercher l'*équivalent calorifique du travail mécanique*, de mesurer le résultat de la transformation du travail en chaleur, au lieu de celle de la chaleur en travail.

Le problème de déterminer la chaleur produite par un travail semble devoir simplement conduire à reprendre inversement les expériences ou les déductions des données expérimentales exposées ci-dessus, et par suite ne fournir aucun résultat. Cela est évident pour les calculs que l'on voudrait faire à l'aide des données de la physique; aussi ne nous proposerons-nous pas de reprendre ces calculs, mais bien de passer en revue les expériences directes qui ont pu être tentées dans cette voie, plus simple évidemment en ce qu'elle n'exige pas la réalisation de véritables machines à feu, comme cela serait nécessaire pour faire des expériences, des déterminations directes dans la première voie. Ce sont de simples expériences de mécanique dont les résultats doivent être interprétés à l'aide du thermomètre. Je vais rapporter les expériences connues depuis longtemps, et terminerai par la description de celles que je viens de tenter; enfin j'exposerai les raisons qui m'ont fait préférer la voie que j'ai suivie, et qui est fort différente, on le verra, de celle adoptée par mes devanciers.

Il faut remarquer aussi que si des expériences directes dans la première voie doivent pécher en moins, c'est-à-dire que la chaleur communiquée étant connue, l'équivalent mécanique de la chaleur, exprimé en kilogrammètres, doit être trop faible, de tous les kilogrammètres qui n'auront pu être enregistrés; au contraire, dans la voie que nous allons suivre, on aura sûrement des chiffres trop forts, puisqu'on part d'un nombre certain de kilogrammètres, et qu'on ne pourra reconnaître, par des observations thermométriques, qu'une partie de la chaleur dégagée. Nous prions qu'on tienne note de cette observation préliminaire dont on va voir toute l'importance.

SECTION PREMIÈRE.

MESURE DE LA CHALEUR PRODUITE PAR UN TRAVAIL DÉTERMINÉ AGISSANT SUR UN GAZ.

Nous ne connaissons pas d'expériences faites sur les gaz. Nous avons lu plusieurs fois que M. Joule en avait faites, mais nous n'en avons rencontré nulle part le détail.

Le mode d'opérer consisterait évidemment à comprimer un gaz, en employant à cet effet une quantité de travail déterminée, puis observant l'accroissement de température, (l'expérience bien connue du briquet pneumatique constate cet échauffement), à en déduire la quantité de chaleur dégagée à l'aide de la connaissance de la chaleur spécifique du gaz et des substances en contact avec lui.

Ce mode d'expérimentation, excellent en ce sens que le

travail de la compression vient contre-balancer des actions purement extérieures, est impossible dans la pratique. La masse sur laquelle on peut expérimenter est si faible, les frottements des pistons qu'il faudrait employer pour comprimer le gaz produisent des quantités de chaleur tellement comparables à celle qu'il s'agit de mesurer, que l'observation peut difficilement donner quelque résultat satisfaisant.

Nous admettons donc, jusqu'à la découverte d'un nouveau mode de disposition de l'expérience que nous n'entrevoyons pas, que ce n'est que par des déterminations indirectes des éléments de la question, par l'emploi des coefficients de dilatation, d'accroissement de pression, résultant des expérimentations les plus délicates de la physique, que l'on peut calculer avec quelque approximation le résultat mécanique de l'action de la chaleur sur les gaz et inversement. C'est ce que nous avons tenté précédemment.

SECTION II.

MESURE DE LA CHALEUR PRODUITE PAR UN TRAVAIL DÉTERMINÉ AGISSANT SUR UN LIQUIDE.

Si l'on veut utiliser les liquides pour déterminer l'équivalent mécanique de la chaleur, ce n'est pas une action de compression que l'on peut employer. Presque incompressibles, les liquides résistent à des pressions considérables comme le fait le sable, et au lieu de produire des actions intérieures, celles-ci sont reportées du point d'application sur les diverses parties de l'enveloppe. C'est de cette manière que les liquides sont employés dans la presse hydraulique, et c'est peut-être le principal mérite de cette belle machine, que le travail consommé par la compression de l'eau y est nul.

Ce seul exemple montre, ainsi que les observations faites précédemment, que les compressions des liquides ne conviennent nullement pour les expériences que nous avons en vue, qu'elles ne correspondent pas à un travail moléculaire pouvant se convertir en chaleur. Il ne se produit que des transmissions de pression aux enveloppes, et par suite des phénomènes d'élasticité d'une analyse impossible.

Si cela est vrai pour des compressions énergiques de liquides, si celles-ci sont peu convenables pour déterminer l'équivalent mécanique de la chaleur, parce qu'elles n'engendrent pas d'actions moléculaires, peut-on espérer de meilleurs résultats de compressions faibles, de simples frottements, c'est-à-dire de modifications d'un ordre inconnu des actions presque nulles des molécules liquides les unes sur les autres. Il semble, *à priori*, qu'elles sont encore bien moins convenables, et que leur étude constitue l'expérimentation la plus défavorable, correspond au cas où la chaleur produite par la compression des molécules est un *minimum* pour une quantité donnée de travail. Un semblable mode d'opérer est donc tout à fait imparfait, les mouvements imprimés se communiquant aux supports, produisant des vibrations plutôt que de la chaleur, le nombre fourni par l'expérience est aussi éloigné qu'il est possible du nombre exact.

C'est pourtant ce système défectueux qui a été employé pour les seules expériences dont les résultats sont admis jusqu'ici par les savants, malgré nos anciennes critiques, trop fondées ce nous semble. Voici comment nous parlions, il y a déjà plusieurs années, de l'expérience fondamentale de M. Joule. Nous répéterons ici nos observations qui comprennent la description sommaire de cette expérience bien connue.

§ 1. — *Expérience de M. Joule.*

« M. Joule suspend un poids à une corde, qui fait tourner, en descendant, un axe garni d'ailettes qui plongent dans l'eau. La chute du poids donne la mesure du travail ; le mouvement des ailettes dans l'eau dégage de la chaleur en raison du travail moteur. De là il déduit la chaleur correspondant à un travail donné et *inversement.* C'est ainsi qu'il trouve 434 kilog. mèt. pour le travail d'une calorie.

« Il n'est pas besoin de grande attention pour reconnaître qu'on ne peut obtenir ainsi qu'une approximation grossière, et qu'il est temps que l'on reprenne des expériences où la partie mécanique est moins bien traitée que la partie physique. En effet, de ce qu'il faut une grande quantité de travail pour produire une calorie, il est erroné de conclure qu'une calorie pourra engendrer cette grande quantité de travail. Si l'appareil de M. Joule devait servir à faire mouvoir une roue destinée à élever de l'eau, il faudrait lui appliquer, pour obtenir l'effet utile, le coefficient 0,40 ou 0,50. Bien probablement la transformation du travail en chaleur, loin de donner une perte moindre, en donne une beaucoup plus grande ; et loin que l'expérience de M. Joule prouve l'exactitude du chiffre 434, elle nous semble indiquer que le chiffre exact ne doit pas atteindre 200. »

Ceci est indiscutable en principe, car toutes les recherches faites en cherchant à produire de la chaleur par un travail mécanique, entraînent nécessairement des pertes notables de travail qui ne produit pas de chaleur, tandis que l'observation ne peut indiquer que partie de la chaleur dégagée; cette manière d'opérer donne donc nécessairement un chiffre trop fort. La méthode des coefficients habituelle aux mécaniciens, et à tort négligée des physiciens, devrait donc être appliquée ici pour tenir compte des vibrations, des communications de force vive aux supports. Ceci suffit pour faire entrevoir toutes les causes qui faisant que le travail dépensé produisant peu de chaleur dans l'eau, où elle est mesurée, la manière d'opérer et de raisonner de M. Joule conduit à un accroissement apparent de la valeur de l'équivalent mécanique de la chaleur.

Nous ferons bien apprécier l'influence du mode d'opérer, nous montrerons de suite la grande importance de ne pas employer de mode imparfait de produire la chaleur à l'aide d'un travail mécanique, pour en déduire des conséquences théoriques erronées, en citant le rapport fait à l'Académie des sciences sur l'appareil de MM. Beaumont et Mayer.

MM. Beaumont et Mayer ont combiné un appareil destiné à engendrer de la chaleur par le frottement, en faisant tourner à frottement un axe garni d'un cordage graissé, dans un cylindre en cuivre placé au centre d'un réservoir d'eau. D'après les commissaires de l'Institut, voici les résultats obtenus :

« Le travail moteur étant de 8 chevaux 50, la production de vapeur par heure serait, avec l'appareil de ces Messieurs, de 6 kil. 56. Une bonne machine à vapeur à détente prolongée et à condensation, consommant 2 kil. de houille par force de cheval et par heure, il faudrait 17 kil. de houille par heure pour la force motrice de 8,50 chevaux, quantité qui produirait 136 kil. de vapeur, 1 kil. de houille vaporisant 8 kilog. d'eau. Cet appareil n'utilise donc que 1/21 environ de la chaleur développée par le combustible employé pour le faire marcher. Il faudrait une force motrice de 21 chevaux pour produire la vapeur correspondante à la force d'un cheval. »

Nous citons ce rapport, parce qu'il montre bien comment le raisonnement de M. Joule est erroné lorsqu'il propose de prendre le travail capable de produire une calorie pour celui que la calorie peut engendrer, sans s'inquiéter de la manière dont le travail se transforme en chaleur.

Ainsi dans le cas actuel 8 chevaux 50, c'est-à-dire $8,50 \times 75 \times 3600$ kilogrammètres produisant 6 kil. 56 de vapeur, c'est-à-dire $6,56 \times 636$ calories. On devrait conclure de ces résultats (sauf quelques corrections pour tenir compte des calories perdues par le refroidissement) que l'équivalent mécanique de la chaleur est $E = \dfrac{8,50 \times 75 \times 3600}{6,56 \times 636} = 550$ kilogrammètres, tout comme M. Joule a trouvé $E = 434$.

C'est ainsi qu'on obtiendrait des chiffres croissants avec l'imperfection des appareils, chiffres qui sont des limites très-supérieures de la valeur réelle de l'équivalent mécanique de la chaleur, mais non des valeurs exactes de cet équivalent.

Si nous sommes près de la vérité, tous les résultats d'expérience doivent l'indiquer. C'est ce qu'il est facile de déduire de la précédente.

Le chiffre 550 servant ici à produire une calorie est trop voisin de 430 pour ne pas démontrer combien ce dernier est trop élevé. Comment le travail, n'étant que de 25 % plus fort que le travail théorique, l'appareil n'utiliserait cependant que $\frac{1}{21}$ de la chaleur dépensée dans la machine à vapeur actuelle ? Ne sont-ce pas là deux faits complétement incompatibles ?

Une amélioration de 25 % dans les produits de la machine à vapeur ordinaire, c'est-à-dire l'emploi d'un des bons systèmes employés aujourd'hui donnerait, dans l'appareil ci-dessus, le chiffre théorique de M. Joule, et cependant ce résultat serait 15 ou 16 fois moindre que celui que donnerait directement la machine à vapeur, tout imparfaite qu'elle est. Sans doute ce n'est là qu'une évaluation grossière, mais n'en ressort-il pas cependant une démonstration par l'absurde bien complète?

Le chiffre 140, au contraire, indique que le chiffre 550 est près de 4 fois trop fort, c'est-à-dire qu'il faudrait que la machine à vapeur exigeât 4 fois moins de combustible pour donner le résultat théorique. N'est-ce pas un résultat bien plus probable que le précédent, une approximation grossière qui vaut une démonstration?

§ 2. — *Expériences de M. Hirn sur les huiles.*

Dans une étude fort intéressante sur les huiles et les corps lubréfiants, M. Hirn, l'ingénieux expérimentateur dont nous avons déjà rencontré les intéressants travaux, a cherché à mesurer les phénomènes calorifiques qui se produisaient dans ses expériences. Elles se sont trouvées constituer un mode de détermination de l'équivalent mécanique de la chaleur analogue à celui de M. Joule, permettant de mesurer la chaleur produite par l'emploi d'un travail mécanique pour comprimer et faire frotter entre elles des molécules d'un fluide.

C'est dans le Bulletin de la Société industrielle de Mulhouse (n°s 128 et 129, 1855) que se trouvent rapportées ces curieuses expériences. Comme elles sont peu connues, nous en extrairons ce qui a trait à la détermination de l'équivalent mécanique de la chaleur.

L'appareil adopté par M. Hirn, qu'il appelle balance

de frottement, et qui lui servait pour expérimenter la valeur des différentes huiles du commerce, au point de vue de leur emploi dans le graissage, est représenté par la fig. 5.

TT est un tambour creux en fonte, parfaitement cylindrique et poli extérieurement, calé sur l'arbre FF. Le diamètre extérieur de ce tambour est de $0^m,23$, sa longueur de $0^m,22$; il est fermé, à l'une de ses extrémités, par un fond en fer-blanc, formé d'une partie plane annulaire et

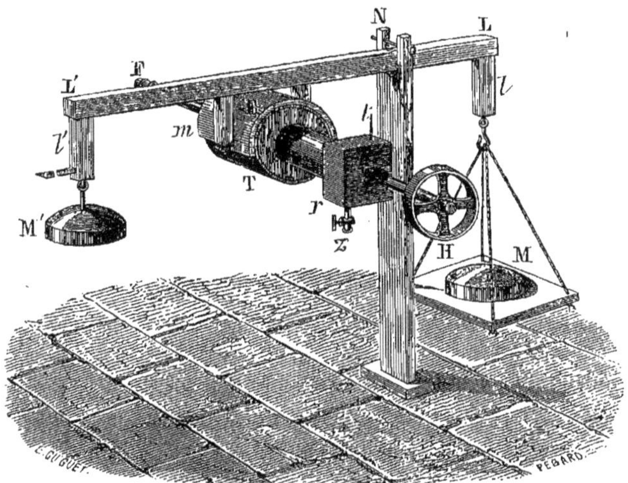

Fig. 5.

d'une partie centrale en tronc de cône ouvert, de manière à laisser libre un espace annulaire entre sa circonférence et l'arbre FF ; à l'autre extrémité, par un fond formé, comme le premier, d'une partie annulaire et d'une partie centrale en tube cylindrique.

EEE, coussinet en bronze (alliage de huit parties de cuivre et une d'étain), parfaitement poli et ajusté sur le tambour T, dont il embrasse la demi-circonférence ; dans son épaisseur est pratiquée une cavité où se loge exactement le réservoir d'un thermomètre.

LL′ est un levier en chêne de $0^m,08$ d'équarrissage, appuyant sur les brides du coussinet par deux petits supports m, m', vissés à leur partie inférieure sur ces brides ou rebords.

Aux deux extrémités de ce levier sont solidement fixés des appendices l, l' en équerre, munis chacun d'un crochet à la partie inférieure. A l'un de ces appendices est suspendu un contre-poids en plomb M′, fixé à une tige longue et légère, dont le plan supérieur passe par l'axe du tambour. Un repère indique quand le levier LL′ est horizontal. A l'autre appendice est suspendu un plateau PP, sur lequel est posée une masse de plomb M, faisant équilibre à M′. Cette disposition a pour effet d'amener le centre de gravité du système en dessous de l'axe du tambour, de façon que la balance ne soit pas folle.

Le coussinet, le levier et tous les accessoires, y compris les masses M, M′, pèsent ensemble 50 kilogrammes. La distance horizontale de l'axe du tambour à la verticale passant par le point de suspension du plateau PP, lorsque le levier est horizontal, est de $0^m,562$.

NN′ est un pied fixé au sol en N, et ouvert en pince en N′N′ qui sert à limiter les écarts du levier LL′ de la position horizontale.

Le mouvement du tambour est accéléré ou ralenti au moyen de deux cônes parallèles liés par une courroie, et dont l'un reçoit son mouvement du moteur et l'autre le communique à la poulie H calée sur l'arbre FF.

Au moyen d'un petit tuyau introduit par l'espace annulaire de la face antérieure du tambour, on peut faire passer dans celui-ci un courant d'eau froide ou chaude, qui vient tomber dans la petite caisse en bois *rr*, où se trouve un thermomètre *tt*, et qui est munie d'un robinet *z*. Deux ouvertures sont ménagées dans les parois verticales de la caisse, et sont juste assez grandes pour laisser passer la partie tubulaire et l'arbre en fer FF.

On voit que par cette disposition, qui rappelle le frein de Prony, M. Hirn enregistre, par simple lecture des poids qu'il faut ajouter pour l'équilibre au poids M lors du mouvement de tambour, le travail considérable consommé par sa balance, par un grand nombre de tours.

Ses expériences sur le graissage produisant des quantités de chaleur très-notables, il a été conduit à chercher s'il existait un rapport constant ou variable entre le travail résistant du frottement mesuré au moyen de la balance et la chaleur développée par le frottement qu'il pouvait mesurer par l'échauffement de l'eau qu'il faisait passer dans le tambour. Rechercher la valeur de ce rapport constant ou variable, n'est pas autre chose que de déterminer ce que nous appelons l'équivalent mécanique de la chaleur.

Ces expériences fort délicates, comme on peut le pressentir, en ce qui concerne la mesure de la quantité de chaleur développée, ont cependant conduit l'auteur à la conclusion suivante :

« La quantité absolue de chaleur développée par le « frottement médiat est directement et uniquement pro- « portionnelle au travail mécanique du frottement. Le « rapport entre cette quantité de chaleur exprimée en *ca-* « *lories* et le travail mécanique du frottement exprimé en « kilogrammes élevés à 1 mètre de hauteur est à peu près « égal à 0,0027, quelles que soient la vitesse et la tempé- « rature des corps frottants et la substance lubréfiante. En

« d'autres termes, le frottement donne lieu, dans tous les
« cas, à un dégagement de chaleur capable d'élever d'un
« degré centigrade la température d'autant de kilogrammes
« d'eau liquide, que le travail mécanique de ce frottement
« mesuré à la balance contient de fois 370 kilogrammes
« élevés à 1 mètre de hauteur verticale. »

Après avoir décrit des expériences très-variées, pour
lesquelles nous renvoyons au mémoire original, l'auteur
ajoute :

« Ce rapport 0,0027 ne s'applique qu'au cas où le frotte-
« ment ne *produit aucune altération ni dans la matière lubré-*
« *fiante*, ni dans l'état des surfaces frottantes. Lorsque le
« coussinet et le tambour étant séchés et lubréfiés par l'air,
« il y tombait des poussières, etc., ou bien, lorsqu'étant
« graissés, l'huile contenait des impuretés solides (pous-
« sière, plâtre, etc.); le rapport de la chaleur développée
« au travail absorbé changeait complétement et *devenait*
« *beaucoup plus grand que* 0,0027, surtout lorsque l'appa-
« reil marchait à sec et s'usait par places. »

Cette seconde partie des expériences de M. Hirn, qui le
menait à des résultats qui lui paraissaient devoir être
erronés parce qu'ils s'écartaient des chiffres admis, pendant
lesquelles se produisaient des grippements, des secousses
variables, ne lui a pas donné des résultats d'une netteté
comparable à la première, mais a mis hors de doute l'infériorité parfaitement certaine de l'équivalent de la chaleur,
qui serait déterminé par les frottements immédiats des corps
solides, sur celle obtenue à l'aide de frottements médiats,
avec l'interposition de corps lubréfiants.

Les chiffres les plus probables de cette série correspondent aux cas où les poids placés sur la balance ont été un
peu considérables, le frottement immédiat ayant alors une

certaine régularité, et des secousses, des entraînements ne rendant pas alors les observations presque sans valeur. Les chiffres que trouve M. Hirn pour des poids de 40^{gr} et de 80^{gr} sont 0,007 et 0,008, correspondant aux valeurs 125 et 145 de l'équivalent mécanique, mais avec peu de concordance dans les résultats. Toutefois ils démontrent encore une fois combien le chiffre 430 est exagéré.

Ainsi donc, si la netteté des chiffres renfermés dans le tableau qui résume la première partie des expériences de M. Hirn semble donner assez de valeur à sa détermination et confirmer le chiffre de M. Joule, la suite de ces expériences fort multipliées prouve tout le contraire.

Tandis que les chiffres conservent une grande régularité tant qu'il s'agit d'huile, de matières lubréfiantes, ils deviennent tellement différents lorsqu'il s'agit de frottements produits dans d'autres conditions, de frottements avec usure notamment, que, malgré son désir évident de retrouver le chiffre que ses premières déterminations lui faisaient considérer comme exact; qu'en présence de chiffres bien moindres il est forcé de conclure que l'équivalent mécanique de la chaleur n'est sans doute pas un nombre constant. Nul besoin de discuter une conclusion si peu probable, qui serait la négation de la loi de Mayer, et se rapprocherait de la conception de la multiplication de la chaleur ou du travail, si appliquant le travail à un certain corps pour lui faire produire de la chaleur, il était possible, en appliquant le travail qu'elle peut produire à un autre corps, de retrouver une quantité de chaleur plus grande que la chaleur initiale.

Il est donc bien plus naturel de penser que l'expérimentation du frottement, dans les conditions dans lesquelles il est produit dans les expériences de M. Hirn sur les huiles, conduit à une valeur trop forte de l'équivalent mécanique de la chaleur.

Il est très-certain qu'il n'est pas de circonstance plus défavorable pour mesurer la quantité de chaleur dégagée par le frottement que celle de l'emploi de substances lubréfiantes interposées entre des surfaces parfaitement dressées. En effet, ces substances ont pour effet de réduire à très-peu de chose le frottement, de remplacer l'usure pouvant se produire entre des surfaces de contact (et dégager de suite, par l'effet de la désagrégation moléculaire, un effet calorifique proportionnel au travail), par le roulement de sphères liquides qui n'adhèrent que par la force minime qui les réunit, par leur viscosité. Aussi voit-on qu'il faut prolonger les expériences dont nous venons de parler, faire faire au tambour quinze cents, ou deux mille tours pour rendre le nombre de calories appréciable.

Ce roulement des molécules liquides, qui avait été l'objet de l'expérimentation de M. Joule, qui devait donner des résultats concordants entre les mains de M. Hirn, puisque, au fond, c'est la même expérience, c'est essentiellement l'action moléculaire la moins énergique qu'il soit possible d'imaginer, et par suite celle qui exigera le plus grand développement de force motrice pour produire un effet calorifique. Rien d'étonnant à ce que la perte due aux vibrations des supports et aux communications avec le sol, que les mouvements de l'air pour des rotations de 45 à 90 tours par seconde réduisent l'effet utile de *transformation du travail en chaleur*, à 30 ou 35 °/₀ du travail mécanique dépensé.

Le frottement des corps solides entre eux paraît, au contraire, donner des chiffres inférieurs à ceux déterminés par expérimentation sur les fluides. Mais n'est-il pas un procédé

plus sûr que celui des frottements, des grippements irrégu-
liers entre des surfaces de corps solides? C'est ce qu'il nous
reste à examiner; c'est sur ce point qu'ont porté les nouvelles expériences que nous venons de réaliser.

SECTION III.

MESURE DE LA CHALÉUR PRODUITE PAR UNE QUANTITÉ DE TRAVAIL
DÉTERMINÉ AGISSANT SUR UN CORPS SOLIDE. — EXPÉRIENCES
NOUVELLES.

Les corps solides conviennent parfaitement pour la détermination de l'équivalent calorifique du travail mécanique,
parce qu'une action mécanique exercée sur eux peut être
dirigée de manière à altérer leur cohésion moléculaire,
changer d'une manière définitive l'écartement des molécules
et, par suite, être en totalité transformée en chaleur. C'est la
voie nouvelle que j'ai suivie, en employant des actions qui
correspondent toujours à un semblable changement d'état
moléculaire et donne instantanément une production notable et inaltérable de chaleur. Je dois indiquer les moyens
de réaliser dans la pratique les conditions fondamentales
dont il importe de ne pas s'écarter pour atteindre le résultat
théorique poursuivi.

Je résumerai ainsi les conditions fondamentales :

1° Travail mécanique facilement mesurable sans incertitude ;

2° Emploi d'un travail mécanique déterminé à rompre des
cohésions moléculaires sans produire de vibrations, en rendant minimum la transmission de travail aux supports;

3° Mesure convenable de l'accroissement de température
et, par suite, du nombre de calories correspondant au travail mécanique consommé.

4° Correction pour tenir compte de la force vive transmise au sol.

Nous allons passer en revue la manière dont nous avons satisfait à ces diverses conditions, puis nous donnerons les chiffres d'une de nos dernières expériences, les mieux affranchies de causes d'erreur.

§ 1. — *Travail mécanique facilement mesurable.*

Le moyen par excellence pour obtenir un travail mécanique facilement mesurable consiste à employer la chute d'un corps. Comme le principal moyen d'éviter les erreurs, dans une nature d'expériences où la quantité de chaleur dégagée est peu considérable, consiste à grandir un peu l'échelle sur laquelle on opère, j'ai cherché à disposer de poids et de chutes notables. Il m'eût été fort difficile de satisfaire à ces conditions sans l'amitié de M. Hervé Mangon, qui a mis à ma disposition les ressources du dépôt du matériel appartenant aux ponts et chaussées, situé quai de Billy. Une sonnette à battre les pieux fut dressée, et me permit de disposer d'un mouton du poids de 440 kilog. tombant, au besoin, d'une hauteur de plusieurs mètres. Cet appareil, malheureusement un peu grossier pour des expériences de précision, ne pouvait me donner qu'une approximation; mais je crois que c'est un appareil de cette nature, construit avec le soin convenable, qui est le plus propre aux expériences dont il s'agit. C'est ce que je me propose de vérifier prochainement.

§ 2. — *Emploi du travail mécanique à rompre des cohésions moléculaires, sans vibrations sensibles.*

En analysant la manière dont la transmission de la chaleur aux corps solides produit un travail mécanique, nous avons montré que c'était par des actions intérieures, en équilibrant momentanément partie des forces moléculaires, que le travail est produit. Inversement, si un travail est employé à annuler des forces moléculaires, à disjoindre par une action d'écrasement les molécules de ce corps, une quantité de chaleur, correspondant exactement au travail mécanique employé, sera dégagée, et, étant mesurée, fournira la valeur exacte de l'équivalent mécanique de la chaleur.

Pour que cette expérience réussisse, il faut que les molécules du corps soumis à un travail mécanique puissent se disjoindre, par l'effet d'un travail mécanique, d'une manière définitive, en modifiant leur écartement normal dans le corps obtenu par fusion. C'est là le principe nouveau de nos expériences. Ce mode d'action se ramène à l'écrasement d'un corps fondu, et le plomb était naturellement indiqué comme la substance par excellence. Il fallait, en outre, que cet écrasement fût effectué sans vibrations, par un amortissement presque complet des forces vives, et sans que la partie inférieure de la pièce écrasée fût déformée (on verra plus loin pourquoi cela est nécessaire). C'est à quoi je suis parvenu par une forme convenable du morceau de plomb fondu.

J'ai trouvé grand avantage à remplacer dans ces expériences, les formes symétriques à la partie supérieure et inférieure, du corps soumis à l'écrasement, celles de cubes, de cylindres, qui seules avaient été employées jusqu'ici dans les rares expériences faites sur les phénomènes d'écrasement, et qui se déformaient en même temps à la partie inférieure et à la partie supérieure, par des formes qui offrent à la partie supérieure une résistance bien moindre qu'à la partie inférieure.

Avec cette précaution et pour une chute convenable du

mouton, l'écrasement étant limité aux parties supérieures, la base n'étant nullement déformée, l'amortissement du choc est complet, une vibration insignifiante est communiquée à l'enclume placée sur le sol, et le travail dû à la chute du mouton est employé en très-grande partie en écrasement, en actions moléculaires intérieures.

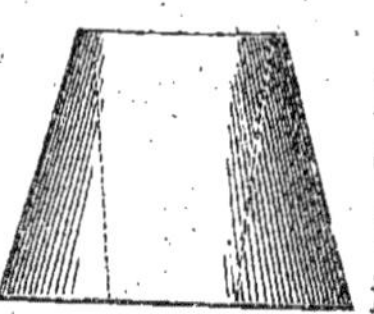

Fig. 6.

J'ai adopté la forme d'un cône droit pénétré par un cône renversé, forme qu'il est facile d'obtenir par fusion et de multiplier de manière à agir sur des pièces identiques ; ce qui permet de vérifier les déformations, d'obtenir des variations certaines d'effet en faisant varier quelque peu le travail.

Ces morceaux de plomb, dans nos expériences, avaient 16 centimètres de hauteur ; rayon à la base, 6 centimètres ; en haut, 5 ; épaisseur à la base, 12 millimètres ; au sommet, 2 millimètres ; poids, 5^k,90 en plomb du commerce, pas très-pur.

Je dirai incidemment que les effets d'écrasement de ces pièces m'ont fourni des résultats curieux sur le mode de répartition des pressions ; ce qui m'a suggéré une explication très-satisfaisante (ce qui n'avait pas été fait jusqu'ici à ma connaissance) de la formation des pyramides ou de cônes, lors de l'écrasement de pierres cubiques ou cylindriques. Je donne dans une note ces curieux résultats, un peu étrangers au but que je poursuis ici.

§ 3. — *Mesure de l'accroissement de température et par suite du nombre de calories correspondant au travail mécanique consommé.*

Pour mesurer l'accroissement de température résultant de l'écrasement du métal, je le place dans un calorimètre en cuivre de 22 centimètres de diamètre et 20 de hauteur, que l'on entoure de ouate de coton sur une forte épaisseur. J'y verse de l'eau, et place dans cette eau deux thermomètres qui passent au dehors de la cuve. Pour pouvoir faire agir le mouton sur le plomb sans briser les thermomètres, j'emploie un faux pieu, une pièce de bois placée sur lui, avec interposition d'une plaque en fer pour éviter que le bois ne se brise par

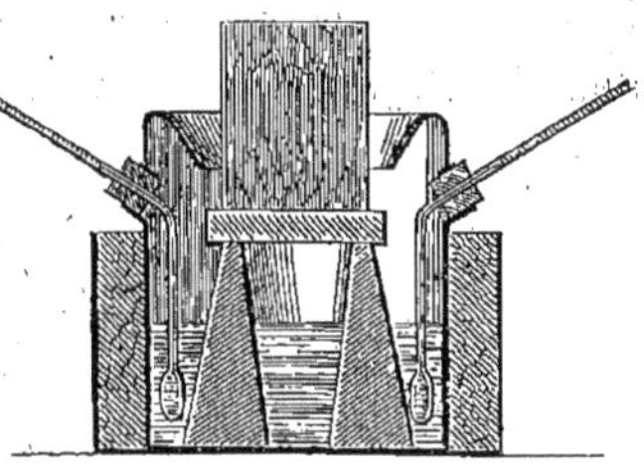

Fig. 7.

le choc, ne rencontrant de résistance que sur une partie de sa surface.

Tel est l'appareil qui m'a servi et dont le principal défaut réside dans le peu de conductibilité de l'eau, qui doit se mettre en équilibre de température avec le plomb.

Cet effet est si notable que les indications du thermomètre n'avaient aucune valeur lorsqu'on n'agitait pas l'eau du calorimètre; condition tout à fait essentielle et à laquelle il n'était pas très-facile de satisfaire ici, puisqu'il fallait agiter le liquide immédiatement après le choc.

J'y suis parvenu en mettant en communication avec l'eau une poire de caoutchouc, terminée par un tube de même substance qui vient coiffer une tubulure placée au bas du calorimètre; de manière qu'en comprimant cette poire, puis la laissant se gonfler, alternativement je lance l'eau sur le plomb pour le laver, puis j'aspire cette eau, enfin je mélange intimement toutes les couches liquides.

Le lavage extérieur du plomb était relativement facile; mais celui à l'intérieur du cône offrait des difficultés, d'autant plus qu'il ne fallait pas seulement agiter l'eau à l'intérieur, mais encore reverser cette eau à l'extérieur, de manière à ce qu'elle pût agir sur le thermomètre.

A cet effet, j'emploie une deuxième poire épaisse en caoutchouc vulcanisé disposée comme la précédente, également adaptée à l'aide d'un tube de caoutchouc à un deuxième ajutage soudé à la partie inférieure du calori-

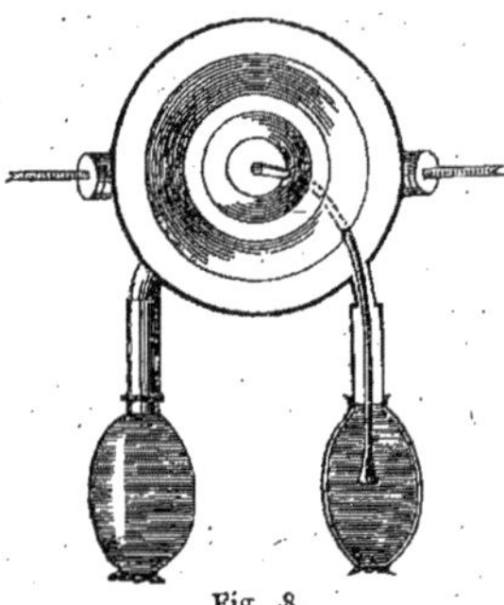

Fig. 8.

mètre. Dans l'intérieur de cette poire, je fais entrer un tube en caoutchouc de petit diamètre, moitié environ de celui de l'ajutage ; il est retenu dans la poire par une petite broche qui le traverse. Ce petit tube pénètre à l'intérieur du plomb, en passant par une encoche pratiquée dans son pied, qui, nous l'avons vu, n'est jamais écrasé. A l'aide de ce petit tube, il y a aspiration et envoi de l'eau à l'intérieur du cône en plomb, et comme cette eau se mélange dans la poire avec l'eau aspirée et renvoyée à l'extérieur du cône, le mélange est bientôt intime.

Une expérience à blanc ayant montré que la chaleur produite par ce mouvement de l'eau, correspondant à un travail mécanique insignifiant, était de nulle importance, sûrement bien inférieure aux pertes de chaleur de l'appareil, que l'équilibre de température était obtenu en une ou deux minutes au plus, j'ai pu opérer en toute sécurité.

Je donne (figure 9) la disposition générale de l'expérience.

Je rapporte ci-après les résultats d'une expérience choisie entre plusieurs concordantes faite avec l'appareil ainsi complété, et qui, bien qu'un peu grossier, ne pouvant donner des résultats très-précis, doit donner une approximation assez satisfaisante, à cause des proportions assez fortes des éléments de production de la chaleur. J'insisterai particulièrement sur le mode de lavage pour les personnes qui voudront répéter mes expériences ; car ce n'est qu'après être

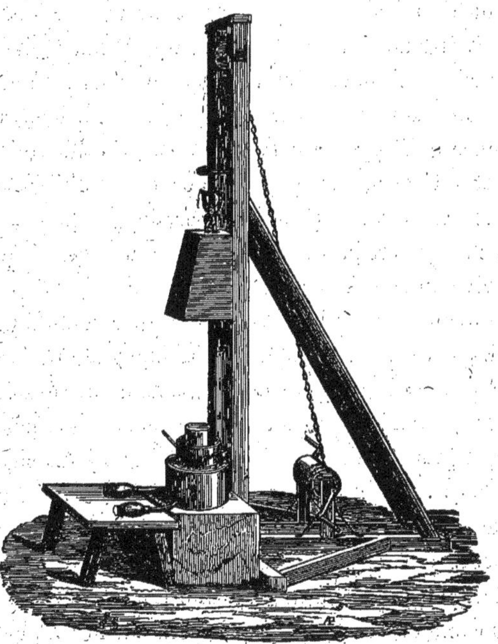

Fig. 9.

arrivé à cette forme définitive, que les résultats de l'expérimentation ont pris une grande netteté[1].

[1] J'ai été parfaitement secondé pour l'installation de ces expériences par M. Salleron, jeune constructeur dont la capacité est bien justement appréciée par les physiciens.

§ 4. — *Correction relative à la force vive absorbée par les supports.*

La forme adoptée pour les blocs de plomb permet bien d'employer la majeure partie du travail en actions moléculaires produités par le choc amorti par l'écrasement de la substance malléable ; mais il est clair que la totalité ne pourrait être ainsi utilisée que si cette substance malléable n'opposait absolument aucune résistance à la fin du choc. En effet, pour le plomb, par exemple, il est évident que la résistance qu'il oppose à l'écrasement se communique au support inférieur, et que si le choc ne produisait qu'une pression insuffisante pour l'écraser, le plomb résisterait, comme la matière la plus dure, et communiquerait toute la force vive du choc à l'enclume.

Comment évaluer la force vive ainsi communiquée, le travail qu'il faut déduire du travail total, afin de conserver seulement celui qui produit l'écrasement, la désunion des molécules réunies lors du refroidissement du métal, le seul qui produit les effets calorifiques que nous cherchons à mesurer ? Il est assez difficile de le faire avec une très-grande exactitude, mais il est facile d'obtenir des chiffres inférieurs à sa valeur réelle, et par suite permettant d'opérer, en partie au moins, cette importante correction.

Au commencement du choc, l'écrasement du plomb qui ne présente qu'une faible surface supérieure amortit successivement partie de la force vive du mouton, bien supérieure à la résistance du plomb pour ces dimensions ; mais à la fin du choc, la surface du plomb qui le reçoit s'étant accrue, la force vive qui subsiste devient insuffisante pour continuer l'écrasement ; autrement dit, le travail nécessaire pour cela est un peu supérieur à celui correspondant à la force vive qui va s'amortir par les vibrations du support inférieur et les communications au sol.

La voie expérimentale peut permettre de déterminer ce point et donner la valeur de la correction à faire. En effet, soumettons le bloc de plomb écrasé à de très-faibles chutes du mouton, il n'éprouvera aucune action, et le métal résistera facilement. En faisant croître cette chute, on arrivera à déterminer directement ou par interpolation, avec assez d'exactitude par un nombre suffisant d'expériences, le point où commence l'écrasement.

En soustrayant la quantité de travail pour cette chute, du travail total correspondant à la chute totale du mouton, on a bien le travail qui a produit l'écrasement, les ruptures moléculaires, source de la chaleur.

Malheureusement dans la sonnette à battre les pieux que j'ai employée, le mouton n'étant pas guidé de manière à tomber toujours parallèlement, ne permet pas de faire bien convenablement cette correction. Le plomb étant attaqué obliquement par une partie variable de la surface supérieure, il se produit de petits écrasements partiels qui empêchent de faire une observation bien exacte. Pour ce point comme pour un chiffre plus approché de l'équivalent mécanique, il nous faudra construire un appareil moins puissant, mais plus précis que celui que nous avons employé.

Quelques expériences nous ont indiqué une autre voie pour déterminer cette correction en raison de la surface qui reçoit le choc. Nous avons reconnu que $0^{km},35$ étant, d'après M. Ardant, la résistance vive d'un millimètre carré de rupture pour un fil plomb de 1 mètre de long, celle-ci ne peut descendre au-dessous de $0^{km},07$ pour un fil très-court, de 0,01 par exemple. Prenant la valeur de $0^{km},06$ pour la résistance de la rupture à l'écrasement (toujours plus grande que la rupture par traction) d'une section d'un millimètre, nous trouvons, en mesurant la surface supérieure du plomb écrasé, une valeur de la correction dont il s'agit ici, double de celle que nous avons admise dans l'expérience ci-après, ce qui nous paraît prouver qu'elle est loin d'être trop forte.

§ 5. — *Expériences.*

Voici les chiffres d'une de nos expériences les plus nettes, choisie parmi plusieurs concordantes :

Le calorimètre contenait :		Quantité de chaleur qui correspond à
	kilog.	Chaleur spécifique.	l'échauffement de 1°.
Plomb.	5,935	0,0314	0,19
Eau.	2	1	2
Laiton du calorimètre.	0,725	0,09	0,06
Plaque en fer posée sur le plomb. . .	0,720	0,114	0,08
			2,33

Poids du mouton. 440^k.
Chute. . . . . 1^m,045.$\Big\}$ Travail, 459,8 kilog. mètres.

Indications du thermomètre avant la chute, 11° $\frac{4}{8}$.
   »   »   après la chute, 12 $\frac{3}{8}$.$\Big\}$ Gain, $\frac{4}{8}$.

Quantité de chaleur pour $\frac{4}{8}$ de 1° $= 2,33 \times \frac{4}{8} = 1^{cal},86$.

Équivalent (sans correction), $459,8 : 1,86 = E = 247$.

Nous avons cru reconnaître clairement que le mouton ne produit d'écrasement qu'à des chutes supérieures à 0,26; ne produit donc aucun écrasement pour chute de 0,245. Le véritable travail produisant de la chaleur n'est donc que $440 \times 0,80 = 352$, et le véritable équivalent fourni par l'expérience est $352 : 1,86 = E = 189$.

Ainsi la production d'une calorie pour moins de 250 kilogrammètres, voici ce que le thermomètre montre, ce qui infirme sans contestation possible le chiffre de M. Joule, abstraction faite de toute correction. En tenant compte de la plus importante qu'il y ait à faire, $E = 190$ est une valeur supérieure à l'équivalent mécanique de la chaleur, d'une quantité sûrement notable, à cause de la rusticité de l'appareil servant à produire le choc, dont les résistances qui naissent pendant la chute du mouton sont négligées, et à cause aussi de la difficulté d'observer sans pertes sensibles des différences de température peu considérables.

RÉSUMÉ.

Si nous résumons les résultats obtenus par cette seconde voie, en déterminant la chaleur produite par un travail donné, ce qui fournit une limite supérieure, puisqu'on ne peut jamais enregistrer la totalité absolue de la chaleur dégagée, nous pourrons tracer le tableau suivant :

Gaz. — Pas d'expériences connues en détail.

Liquides. — Frottement avec interposition de liquides ou entre les molécules de ceux-ci, valeurs de E : Joule, 430 ; — Beaumont et Mayer, 550 ; — Hirn, 360 à 430.

Solides. — Expériences d'écrasement, 189.

Il est bien évident qu'à moins de nier complétement a théorie de l'équivalent de la chaleur, il faut admettre les chiffres les plus faibles comme ayant seuls de la valeur ; les plus forts correspondant à des expériences tout à fait grossières, soit quant aux mesures, soit surtout parce que le travail s'est dispersé sans produire d'effet calorifique mesurable dans l'appareil.

CHAPITRE V.

Conclusions.

Rien de plus facile maintenant que de tirer les conclusions qui ressortent de tous les chiffres précédents, et d'en déduire une valeur bien approchée de l'équivalent mécanique de la chaleur. Nous avons passé en revue tous les moyens qui peuvent permettre de le déterminer, ne laissant de côté que des expériences nouvelles qui nous sont peu connues et à l'aide desquelles on prétend déduire cette valeur de la chaleur dégagée des combinaisons chimiques, de la théorie de la pile ou de l'électro-magnétisme, c'est-à-dire de moyens se rattachant à des théories plus obscures encore dans l'état actuel de la science que celle qu'il s'agit d'éclaircir.

Dans une première voie, nous avons trouvé que des déterminations fondées sur les chiffres les plus certains de la physique, nous menaient à des valeurs de l'équivalent mécanique de la chaleur, variant de 125 à 136, les déterminations qui méritent le plus de confiance ne dépassant pas le nombre 130.

Par une route inverse et des expériences faites avec des appareils un peu grossiers, nous avons trouvé des valeurs voisines de 180, sûrement trop fortes et même d'une quantité notable. Nous sommes donc fondés à prendre, pour l'équivalent mécanique de la chaleur, un chiffre compris entre ces deux limites inférieure et supérieure, non pas la moyenne arithmétique $\frac{125+180}{2} = 152,5$, mais un nombre plus rapproché de la première que de la seconde. Nous devons considérer E = 140 comme très-rapproché de la valeur exacte. C'est admettre un coefficient de 80 °/₀ pour notre expérience mécanique qui est très-probablement exact.

Ainsi donc, en résumé, le chiffre 430, introduit dans la science par M. Joule, doit être rejeté et remplacé par le chiffre 140. Il n'y a pas à discuter pour prouver que le chiffre 430 est possible, lorsque le thermomètre marque une calorie produite par un travail de 240 kilog. mètres, sans enregistrer la totalité de la chaleur produite et en tenant compte de quantités de travail qui ne produisent sûrement pas de chaleur. Des déterminations très-précises, des vérifications indirectes pourront sans doute montrer que la valeur de E que nous adoptons variera de quelques unités, en plus probablement, et devra peut-être être portée à 145; mais il est, dès aujourd'hui, bien certain que ces modifications seront de peu d'importance.

Il n'en est pas de même, comme chacun sait, de la détermination à laquelle nous serions heureux d'attacher notre nom; car il s'agit de tirer parti d'une des lois les plus importantes de la physique, ce qui ne peut avoir lieu utilement qu'autant que la valeur admise est exacte; une valeur erronée étant, au contraire, une source d'erreurs, faisant éclore une foule d'applications qui ne peuvent réussir, comme l'expérience l'a déjà démontré surabondamment.

La loi de la transformation de la chaleur en travail, et réciproquement, la conversion d'un des phénomènes dans l'autre par le jeu des forces moléculaires, paraît une des plus générales, et c'est sûrement une des plus importantes auxquelles l'esprit humain se soit élevé. Nous vivons au milieu de phénomènes continuellement manifestés à nos yeux, tantôt par la chaleur, tantôt par le mouvement. C'est donc une découverte d'une grande fécondité que de montrer que ces phénomènes sont, sous des apparences diverses, des effets produits par une même cause, et d'obtenir la mesure et, par suite, la possibilité de suivre les résultats de leurs métamorphoses.

Parmi les applications nombreuses de ces résultats aux sciences physiques, il faut surtout citer celle qui s'en fait directement à la machine à vapeur. La loi de la production du travail, à l'aide de la chaleur, réalisée dans l'industrie directement par la machine à vapeur (car indirectement on retrouve toujours la chaleur comme source de tout travail), est renfermée presque tout entière dans la détermination de l'équivalent mécanique. En permettant de comparer les résultats obtenus de tout système, de toute combinaison, à un maximum théorique parfaitement déterminé, on peut évaluer exactement le mérite de chacun d'eux ; on peut étudier les moyens de les perfectionner, et grâce à ce point fixe ne pas s'égarer dans les routes, en nombre infini, qui conduisent vers des résultats chimériques. (Voir la note II.)

Tout ceci prouve surabondamment, ce nous semble, l'*utilité et l'importance* des recherches dont nous terminons l'exposé, et qui, complétant les lois de Carnot et de Mayer, données plus haut (pages 27 et 28), forment un ensemble comprenant toutes les règles pouvant servir à l'établissement de tout genre de machines à feu, à l'étude des phénomènes calorifiques et mécaniques dans leurs rapports mutuels.

NOTE PREMIÈRE.

Détermination théorique de l'équivalent mécanique de la chaleur , selon MM. Combes, Person, Bourget, d'Estocquois, etc.

La détermination de l'équivalent mécanique de la chaleur, dans laquelle les savants paraissent avoir le plus de confiance aujourd'hui, est celle qui s'obtient en partant du rapport des chaleurs spécifiques des gaz à pression constante et à volume constant, qu'ont donné les expériences de Dulong. M. Combes a résumé ce mode de calcul, à propos de l'analyse du mémoire de M. Hirn dont nous avons parlé précédemment. Nous pouvons considérer la note du savant académicien comme la rédaction, sous la forme la plus satisfaisante , des calculs présentés par divers auteurs sur cette question , pour parvenir au résultat que fixait d'avance pour eux l'expérience de M. Joule.

« Les expériences les plus propres à déterminer l'équivalent mécanique de la chaleur, dit M. Combes, sont évidemment celles où les corps auxquels est appliqué le travail mécanique qui donne lieu au développement de chaleur, ou *vice versá*, ne subissent aucune modification ni dans leur composition chimique, ni dans leur état d'agrégation, et dont les résultats se déduisent, sans corrections, ou avec de très-légères corrections, des données mêmes de l'observation. Les fluides élastiques et les liquides que MM. Mayer, Joule et Regnault ont pris surtout pour sujet de leurs expériences satisfont bien à la première de ces conditions.

« Le poids du mètre cube d'air et sa chaleur spécifique *sous pression constante* sont aujourd'hui bien connus depuis les dernières expériences de M. Regnault.

« Le poids du mètre cube d'air à 0°, et sous la pression de $0^m,76$ de mercure, est $1^k,293$.

« La chaleur spécifique de l'air sous pression constante est égale à 0,2377, celle de l'eau étant prise pour unité. Elle reste la même ou sensiblement la même, suivant M. Regnault, malgré les variations de pression et de température de l'air.

« Le calorique spécifique de l'air *à volume constant*, c'est-à-dire quand on le chauffe sans lui permettre de se dilater en conservant sa pression primitive, n'a pas été observé directement, mais plusieurs physiciens ont déduit des phénomènes du son ou autres le rapport des deux chaleurs spécifiques de l'air à pression constante et à volume constant. Suivant Dulong, il est égal à 1,421. En admettant ce nombre, la chaleur spécifique de l'air à volume constant serait donc égale à

$$\frac{0,2377}{1,421} = 0,1673.$$

« Il résulte des données précédentes que la quantité de chaleur exprimée en *calories*, nécessaire pour élever d'un degré centigrade la température de 1 mètre cube d'air à 0° et sous la pression de $0^m,76$ de mercure équivalente à 10330 kilog. par mètre carré superficiel, cet air étant contenu de manière que son volume reste invariable, serait égale à

$$1^k,293 \times 0,1673 = 0^{calorie},2163189.$$

« Si l'air, à mesure qu'il reçoit de la chaleur et que sa température s'élève, est libre de se dilater sous la pression maintenue constante de 10330 kilog. par mètre carré superficiel, la quantité de chaleur dépensée sera

$$1^k,293 \times 0,2377 = 0^{calorie},3073461.$$

« La différence entre la quantité de chaleur dépensée, suivant que l'air conserve son volume ou qu'il se dilate, en conservant la même pression, est donc

$$0,3073461 - 0,2163189 = 0^{calorie},0910272.$$

Mais la chaleur spécifique de l'air est indépendante, avons-nous dit, de sa température et de sa densité. L'air, échauffé de 1° centigrade, dans les deux cas que nous venons d'examiner, *retient donc la même quantité de chaleur*. L'excès de chaleur dépensée

dans le second cas est, par conséquent, l'équivalent du travail mécanique dû à la dilatation de l'air, travail qui a été nul dans le premier cas, *où l'air conservait son volume primitif*. Or on sait que
l'air, sous pression constante, se dilate de la fraction 0,00365 de son
volume à 0° pour une élévation de 1° centigrade de sa température ;
le travail mécanique dû à sa dilatation est donc

$$10330 \text{ kilog.} \times 0,00365 = 37^{k} \times {}^{m},7045.$$

« Le rapport de ce travail à la quantité de chaleur qui l'a produit,
et ne se retrouve plus dans l'air après sa dilatation, est

$$\frac{37,7045}{0,0910272} = 414.$$

C'est à peu près la valeur de l'équivalent mécanique de la chaleur
donnée par M. Joule, et celle qui, dans l'état actuel de nos con-
naissances physiques, nous paraît le plus approcher de la réalité. »

Ce calcul repose sur le principe, que la chaleur spécifique de l'air
est indépendante de sa température et de sa densité, d'où l'on con-
clut que l'air échauffé de 1° centigrade, à volume constant, comme
à pression constante, *retient la même quantité de chaleur*, quoi-
qu'en ayant reçu des quantités différentes. Dire que l'air a la même
chaleur spécifique, quelles que soient sa pression et sa température,
signifie seulement qu'il faut toujours la même quantité de chaleur
pour échauffer 1 kilog. d'air de 1°, ce qui se comprend bien pour
des gaz permanents, pour des expériences faites à une très-grande
distance de leur point de liquéfaction, mais ne prouve nullement
que de l'air comprimé, et ayant de ce fait dégagé de la chaleur,
renferme la même quantité de celle-ci, que cet air dilaté et ayant
absorbé par suite de la chaleur. Cette conséquence n'est pas admissible ; elle ne l'est pas plus lorsqu'on la déduit des conséquences
exagérées tirées d'une expérience de M. Joule. (Voir page 19.)

Mais ce qui est parfaitement constant, c'est que l'air chauffé
à volume constant renferme virtuellement une quantité de travail
disponible, qu'il augmente de pression, et par suite se trouve dans
la position d'un ressort bandé. N'y aura-t-il pas à tenir compte de

la chaleur dépensée pour l'amener à cet état, lorsqu'on laissera agir ces ressorts moléculaires et qu'on voudra comparer le travail produit avec la chaleur consommée pour le produire? Si au lieu d'échauffer l'air de 1°, on l'eût échauffé également à volume constant de 100°, de 1000°, la chaleur consommée pour la dilatation indiquée ci-dessus serait la même d'après la manière de raisonner de M. Combes. Il est bien évident cependant que le travail serait plus grand, puisque la pression serait plus grande. Ceci est fondamental en mécanique, et il ne peut être douteux que le calcul ci-dessus ne soit erroné et qu'on ne doive tenir compte de la pression produite par l'échauffement de l'air sous volume constant, aussi bien que de celle correspondant à l'accroissement de volume, en évaluant autrement les deux termes du rapport qui donne le nombre cherché.

Le travail, dont il y a à tenir compte, n'est pas seulement l'action directe du gaz, mais encore sa détente jusqu'à ce qu'il ait retrouvé sa température primitive, en le faisant agir conformément aux règles indiquées par Carnot. La chaleur à consommer n'est pas seulement celle qui est à ajouter au gaz échauffé de 1° à volume constant pour lui conserver la même température à pression constante, mais bien encore la quantité de chaleur qui lui a été communiquée à volume constant. En un mot, le calcul nous paraît devoir être fait comme nous l'avons essayé et n'est pas admissible fait comme ci-dessus.

Le mode de calcul que nous venons de rapporter a été proposé par plusieurs savants, par M. Bourget, collaborateur du respectable M. Budin, notamment, et en premier, croyons-nous, par M. Person, doyen de la Faculté des Sciences de Besançon. Nous ne pouvons mieux confirmer ce que nous avons dit ci-dessus qu'en rapportant partie d'une note intéressante et déjà ancienne due à M. d'Estocquois, professeur à la même Faculté, qui nous paraît plus près de la vérité en calculant l'équivalent mécanique de la chaleur en se servant uniquement de la chaleur spécifique de l'air à volume constant, négligée dans les calculs qui précèdent.

« H étant la pression due à une colonne de mercure de $0^m,760$ sur une surface d'un mètre carré, sa valeur en kilog. est

$$H = 10332^k.$$

M. Regnault a trouvé $\alpha = 0,03665$ pour l'augmentation de pression due à l'accroissement de température de 1° sans changement de volume.

D'après ces données, la quantité de travail nécessaire pour faire passer un mètre cube d'air de 0° à 1° sera :

$$H\alpha = 37^{km},87.$$

Proposons-nous de déduire de là le nombre de kilogrammètres correspondant à une calorie.

Soient pour un gaz quelconque :

D le poids en kilog. d'un mètre cube de gaz.

C la chaleur spécifique sous pression constante du gaz par rapport à l'eau.

r le rapport de la chaleur spécifique du gaz sous pression constante à sa chaleur spécifique sous volume constant. $\dfrac{C}{r} =$ chaleur spécifique à volume constant ;

$$\frac{H\alpha r}{CD}$$

sera la quantité de travail mécanique correspondant à une calorie.

Suivant les expériences de M. Regnault, on a pour l'air

$$D = 1^k,293187 \qquad C = 0,2377.$$

Suivant Dulong

$$r = 1,421.$$

Il en résulte

$$\frac{H\alpha r}{CD} = 175^{km},1.$$

Si la théorie précédente était entièrement rigoureuse, la valeur de

$$\frac{H\alpha r}{CD}$$

serait la même pour tous les gaz. Mais nous avons supposé l'exactitude des lois de Mariotte et de Gay-Lussac, et dès lors les résultats trouvés doivent être assez approchés pour les gaz qui s'écartent peu de ces lois, fort inexacts pour les gaz qui s'en écartent beaucoup. Aussi la valeur de

$$\frac{H\alpha r}{CD}$$

est-elle sensiblement la même pour l'air, l'oxygène, l'hydrogène, l'azote et l'oxyde de carbone. Mais elle serait seulement de $119^{km},4$ pour l'acide carbonique, qui s'écarte beaucoup de la loi de Mariotte.

« Les données numériques employées à calculer la valeur 175^{km} pour l'équivalent mécanique d'une calorie ne sont pas exemptes d'incertitude, mais je les crois plus approchées que celles de M. Laboulaye. L'incertitude porte surtout sur la valeur de r, et en prenant pour r le nombre $1,348$ donné par Clément et Désormes, on trouverait 166^{km} pour l'équivalent mécanique d'une calorie.

« Quant à la méthode, j'ai cherché quelle quantité de travail mécanique doit être introduite dans un mètre cube d'air pour que sa température passe de $0°$ à $1°$, la densité ne changeant pas. On peut supposer, si l'on veut, le fluide indéfini; pour porter sa température de $0°$ à $1°$, il faudra $37^{km},87$ par mètre cube, et par suite 175^{km} par calorie. Je crois pouvoir admettre que tout ce travail est employé à produire de la chaleur. Si cependant on veut supposer qu'une partie peut être employée à autre chose, il en faudra conclure que la valeur 175 est trop forte, et que la véritable valeur est comprise entre 113 [1] donné par M. Laboulaye, et 175 donné par le précédent calcul. »

---

[1] M. d'Estocquois parle ici du chiffre donné par nous dans le *Dictionnaire des arts et manufactures*, à une époque où M. Regnault n'ayant pas encore déterminé la chaleur spécifique de l'air, j'avais été obligé d'employer le chiffre trop fort donné par Delaroche et Bernard. Le calcul corrigé à l'aide de cette donnée nous a fourni le chiffre 125, comme on l'a vu plus haut, en décrivant le cycle complet, indiqué par Carnot, ou au moins en ramenant le gaz à sa température primitive, condition indispensable de l'utilisation complète de la chaleur.

NOTE II.

Sur la théorie de la machine à vapeur.

Je n'ai pas la prétention dans ce travail, consacré à une question spéciale, d'exposer en détail la théorie de la machine à vapeur. Aussi bien les progrès de la théorie de la chaleur ne dispensent pas, pour calculer des faits, de la nécessité de connaître des éléments aujourd'hui mal déterminés, ce que doit faire espérer le développement de l'admirable série d'expériences de M. Régnault. Telle est, par exemple, la densité de la vapeur saturée aux diverses pressions qui n'est pas connue avec quelque approximation ; et, sans cet élément, la théorie de la machine à vapeur ne peut acquérir la rigueur qui lui manque. Je me bornerai ici à indiquer les corrections importantes que la nouvelle théorie permet d'introduire dans les formules adoptées pour le calcul des machines à vapeur à longue détente, l'avenir ou plutôt l'admirable progrès réalisé chaque jour. Elles peuvent permettre d'éviter de grossières erreurs et nous paraissent d'une haute utilité pratique en limitant heureusement le champ des recherches, en montrant les défauts de plusieurs inventions nouvelles. Je terminerai en réimprimant ici ce que j'en disais au moment de l'engouement général, et il n'est pas douteux que la pratique n'ait manifestement confirmé mes prévisions.

THÉORIE DE LA MACHINE A VAPEUR.

La théorie de la machine à vapeur, telle qu'elle se professe aujourd'hui et sous la forme qu'elle a reçue du savant M. Poncelet, ne permet pas dans l'état actuel des données expérimentales que fournit la physique, de calculer avec exactitude le travail de la chaleur ; mais elle paraît répondre d'assez exactement à la manière d'agir de la vapeur, car les perfectionnements déduits de cette théorie, l'emploi des longues détentes notamment qu'elle a indiqué, a été un immense progrès. Il y a donc tout lieu d'espérer que cette théorie, surtout perfectionnée par l'introduction de nouveaux éléments bien déterminés, pourra prochainement représenter d'une manière assez complète les phénomènes, et suffire amplement à tous les besoins de la pratique industrielle.

La notion de l'équivalent mécanique de la chaleur ne suffit pas pour rendre cette théorie tout à fait complète, mais elle permet de l'améliorer d'une manière très-notable, et nous croyons qu'on pourra la considérer comme tout à fait satisfaisante aussitôt que l'habile physicien, M. Regnault, qui a déterminé les chaleurs latentes et spécifiques de la vapeur, sera parvenu à mesurer la densité de la vapeur saturée aux diverses pressions, la principale donnée fondamentale qui manque tout à fait aujourd'hui. Ce que fournit d'essentiel, de capital, la notion de l'équivalent mécanique de la chaleur, et surtout sa détermination exacte, au point de vue des applications pratiques, c'est de permettre de comparer les résultats des diverses machines à un maximum théorique connu, comme cela a lieu pour la théorie des roues hydrauliques, et, par suite, de faire parfaitement apprécier le mérite des divers systèmes.

De plus, la limite du travail possible permet de corriger la formule générale qui ne tient compte que de partie des éléments de la question ; c'est ce que nous avons tenté de faire il y a déjà longtemps, dans l'article *Machine à vapeur*, que nous avons inséré dans la seconde édition du *Dictionnaire des Arts et Manufactures*, dont nous reproduirons ici une partie.

Indiquons d'abord les modifications que doit apporter à la formule fondamentale la notion d'équivalent mécanique de la chaleur.

Le travail d'un volume V de vapeur passant de la pression P à la pression P_1 et au volume V_1 dans le cylindre d'une machine à vapeur, puis condensé par de l'eau à une température donnant la pression P', est, comme on sait, donné par la formule :

$$10{,}000 \; PV \left(1 + \log. \text{hyp.} \; \frac{V'}{V} - \frac{P'}{P_1} \right)^{\text{k. m.}}$$

Le travail correspondant à une calorie semblerait devoir se déduire facilement de cette expression. En effet, le volume V correspond à la conversion en vapeur à une densité D d'un poids Q d'eau. Or, on sait que la quantité de chaleur contenue dans le poids Q de vapeur est (1) Q $(606 + 0{,}305 \, T - T')$ d'après les expériences de M. Regnault. Lors donc que ce savant aura déterminé la valeur de la densité D, comme $V = \dfrac{Q}{D}$, la formule ci-dessus donnant facilement le travail correspondant au poids Q de vapeur, en la divisant par l'expression (1) on obtiendra le travail pour une calorie.

En attendant cette détermination, nous nous en tiendrons à la valeur provisoire de **D**, qui se déduit de la combinaison de la loi de Mariotte et de la loi de Gay-Lussac, qui est :

$$D = \frac{0{,}78402}{1 + 0{,}00368 \, T} P \text{ d'où } V = \frac{Q}{D} = 1{,}277 \, \frac{1 + 0{,}00368 \, T}{P} Q.$$

La formule générale donnant le travail d'une calorie devient :

$$1{,}2777 \, \frac{1 + 0{,}00368 \, T}{606 + 0{,}305 \, T - T'} \left[1 + l. \text{hyp.} \; \frac{V_1}{V} - \frac{P'}{P_1} \right]^{\text{k. m.}}$$

L'application de cette formule générale, qui est indépendante d'un système particulier, à ceux qui sont les plus usités, permet d'apprécier leur valeur relative.

On peut partager les systèmes connus de machines à vapeur en quatre classes :

1° *Les machines à détente et à condensation* les plus parfaites de toutes, telles que les machines de Wolf et quelques machines de Watt. L'eau extérieure n'étant pas en général au-dessous de 10°, nous prendrons pour limites $T' = 10$, $P' = P_1 = 0^k,013$ pression du condenseur correspondant à 10°. L'expression générale qui donne le travail théorique devient dans ce cas $\left(\text{en remplaçant } \dfrac{V_1}{V} \text{ par } \dfrac{P'}{P_1}\right)$:

$$12777\ \frac{1+0,00368\,T}{606+0,305\,T-10}\left(\log.\ \frac{P}{0,013}\right)^{\text{k. m.}}$$

2° *Les machines à condensation sans détente*, ce qui comprend celles de Newcommen et les premières machines de Watt; on a alors pour limites :

$$T'=10°,\ P_1=P,\ P'=0^k,013,$$

et l'expression du travail devient dans ce cas :

$$12777\ \frac{1+0,00368\,T}{606+0,305\,T-10}\left(1-\frac{0,013}{P}\right)^{\text{k. m.}}$$

3° *Les machines à détente sans condensation*, où la vapeur s'échappe dans l'air après avoir agi. Dans ce cas on a les limites : $P_1=1^k033$, $P'=P_1$, $T'=10°$, et la formule devient :

$$12777\ \frac{1+0,00368\,T}{606+0,305\,T-10}\left(\log.\ \frac{P}{1,033}\right)^{\text{k. m.}}$$

4° Enfin *les machines sans détente ni condensation*. Dans ce cas on aurait $P_1=P$, $P'=1^k,033$, $T=10°$, pour limites, et la formule :

$$12777\ \frac{1+0,00368\,T}{606+0,305\,T-10}\left(1-\frac{1^k,033}{P}\right)^{\text{k. m.}}$$

En faisant varier la pression dans ces quatre classes de machines, depuis une jusqu'à trente-deux atmosphères en progression géométrique dont la raison soit deux, on forme le tableau suivant des quantités de travail théorique dues à une unité de chaleur, d'où l'on déduirait au besoin par une simple multiplication celles dues à un kilog. d'un combustible quelconque :

Tensions de la vapeur en atmosphères. .	1	2	4	8	16	32
Températures correspondantes.	100°	121°	144°	172°	203	240
Valeurs du facteur : $\dfrac{1 + 0,00368\,T}{606 + 0,305\,T - 10}$	0,00218	0,00224	0,00238	0,00248	0,00270	0,00277
1° Machines à détente et condensation. .	120	143	171	203	241	269
2° Machines sans détente à condensat.	27,5	28,3	30	31	34	34
3° Machines à détente sans condensation.	0	16,7	40,5	64,6	91,8	116,6
4° Machines sans détente ni condensat.	0	14,3	22,5	27,7	32,3	33,3

Observations sur les résultats du tableau ci-dessus. — Ce tableau permet, non-seulement de comparer les systèmes divers des machines à vapeur, mais encore d'apprécier la valeur de la formule elle-même.

Nous remarquerons d'abord combien les machines sans détente (2 et 4) sont défectueuses, puisque leur travail théorique à 32 atmosphères n'atteint pas 1/3 du travail possible du combustible.

Pour celles de la première classe, les seules dont nous allons nous occuper dans ce qui suit, une observation qui ressort naturellement du tableau, c'est que la valeur du facteur $\dfrac{1 + 0,00368}{606 + 305\,T - T'}$ croît très-lentement, et par conséquent l'effet utile théorique ne croît guère plus rapidement que le logarithme de la pression, c'est-à-dire aussi très-lentement. Comme les difficultés de la construction, les pertes de chaleur et de vapeur augmentent beaucoup avec la tension, on a cru pouvoir en conclure qu'il y a peu d'avantages à attendre de l'emploi de la vapeur à très-hautes pressions. Ce résultat est conforme aux résultats de la pratique, mais non à ceux de la théorie ci-dessus. En effet, cette formule conduit à ce résultat évidemment impossible, et qui montre qu'elle est incomplète, que le travail de la vapeur dans les machines à détente et condensation peut être très-supérieur au travail théorique de la chaleur, quand la détente est poussée très-loin, comme le montre le tableau de la page 101 où nous trouvons un exemple du travail d'une calorie égal au double de l'équivalent mécanique de la chaleur. Ce résultat a fait conclure à bien des auteurs que *théoriquement* l'unité de chaleur peut donner un travail infini. C'est admettre le mouvement perpétuel. On doit simplement reconnaître que la *théorie* est incomplète, et chercher à lui faire embrasser toutes les données de la question.

Chaleur absorbée par la détente. — Ce qui rend les résultats de la théorie nécessairement différents de ceux qu'on obtient dans la pratique, c'est qu'on néglige un élément important.

La chaudière à vapeur renferme de la vapeur saturée. Or, quand la vapeur arrive dans le cylindre, elle s'y trouve d'abord (pourvu que les ouvertures et les conduites de vapeur soient de grandeur suffisante) sensiblement à la même pression que dans la chaudière ; mais, lorsque la détente a lieu, la pression diminue, et comme, d'après une loi physique très-fréquemment vérifiée, tous les gaz absorbent de la chaleur en augmentant de volume, on en conclura que la correction qui doit être apportée à la formule générale doit consister à tenir compte de l'abaissement de température produit par la détente. Cet abaissement de température de la vapeur saturée cause nécessairement la précipitation d'une certaine quantité de vapeur, dont la chaleur latente est consommée par la dilatation et réchauffe la vapeur, qui reste toujours saturée, comme l'avait déjà entrevu M. de Pambour. (Voir l'expérience de M. Hirn rapportée ci-dessus, page 50.)

Correction pour tenir compte de cette absorption de chaleur. — Puisque partie de la chaleur est consommée par le travail produit par la détente, et que, par suite, une fraction de la vapeur se condense, on ne doit appliquer la loi de Mariotte qu'à un poids sans cesse décroissant, de la sorte la formule corrigée ne donnera jamais un résultat qui dépasse la valeur théorique de E. A cet effet si on continue le calcul que nous avons fait pour un premier doublement de la vapeur (page 53), en diminuant pour chaque doublement la vapeur condensée, on reconnaît que pour cinq doublements successifs de volume, pour une dilatation de 32 fois le volume primitif de la vapeur, il y a moitié de la vapeur condensée, et la pression, au lieu d'être $\frac{1}{32^e}$ de P, n'est que $\frac{1}{64^e}$ P.

Si l'on compare la courbe C O H qui représente le travail réel de la

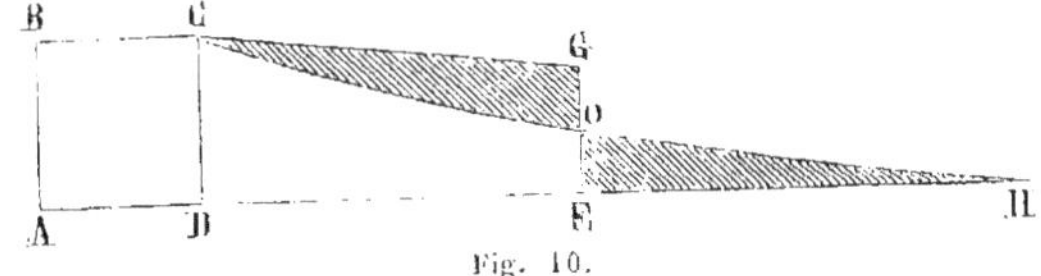

Fig. 10.

détente à la branche d'hyperbole CG qui indiquerait le lieu des pressions représentées par les ordonnées calculées d'après la loi de Mariotte, on trouve que la partie à retrancher de la seconde pour obtenir la première, en partant de la pression initiale jusqu'à la pression $\frac{1}{2} \times \frac{1}{32^e}$ de a, pour une détente de 32 volumes, doit être à peu près équivalente à celle qui représente le travail de la vapeur, dont la pression varie de $\frac{1}{32^e}$ de a à zéro, quand celle-ci est complétement condensée par l'utilisation d'une quantité de chaleur égale à la moitié de la chaleur totale, ce qui conduit incidemment pour la mesure de ce travail à une valeur numérique de 135 de l'équivalent mécanique de la chaleur.

Dans ce calcul, chaque doublement de volume entraîne assez sensiblement une condensation de 1/10 de la vapeur, c'est-à-dire que pour les volumes 2,   4,   8,   16,   32, on a sensiblement la précipitation de vapeur de :   0,10 0,20 0,30 0,40   0,50, lorsqu'on ne la réchauffe pas extérieurement, ce qui donnerait pour la formule corrigée :

$$12777 \frac{1+0,00368\,\mathrm{T}}{606+0,305\,\mathrm{T}-\mathrm{T'}} \left(1 + \log. \frac{\mathrm{V}}{\mathrm{V_1}} \left[1 - 0,10\,n \right] - \frac{\mathrm{P'}}{\mathrm{P}} \right) n \text{ étant}$$

déterminé par l'équation $2^n = \dfrac{\mathrm{V_t}}{\mathrm{V}}$.

Cela revient à retrancher pour la course AE, de l'aire CGED de la figure ci-dessus qui représente le travail qu'exprime la formule, le triangle CGO qui y a été compris à tort.

Avec cette correction, le travail de la détente ne croissant plus indéfiniment, les résultats évidemment erronés du tableau précédent ne sont plus contenus dans la formule corrigée. Un travail infini ne se trouve plus possible pour une minime quantité de chaleur, et la formule est en rapport avec l'expérience.

Autre manière d'arriver à cette correction. — Le mode de correction que nous venons de rappeler peut être indiqué par plusieurs voies équivalentes entre elles.

Ainsi, si nous partons d'abord de la détermination de l'équivalent mécanique de la chaleur, nous aurons une indication des corrections à apporter à la formule pour qu'elle ne donne jamais un travail plus grand (presque double pour 32 atmosphères) que cet équivalent, en considérant les valeurs qu'elle prend quand on l'applique aux températures et aux pressions élevées, et nous servant de ce maximum pour y introduire une correction.

Appelons p la quantité de vapeur qui, en agissant constamment, produirait un travail égal à celui correspondant à la diminution de pression que produit l'absorption de chaleur résultant de la détente, l'élément dont la formule non corrigée ne tient pas compte.

Nous aurions donc une limite minimum de la valeur de p, en l'introduisant dans la formule la plus complète, celle qui s'applique aux machines à détente et à condensation, et en posant :

$$12777 \frac{1+0,00368\,\mathrm{T}}{606+0,305\,\mathrm{T}-10} \left(\log. \frac{\mathrm{P}-p}{0,013} \right)^{\mathrm{k.\,m.}} = 140^{\mathrm{k.\,m.}}$$

En faisant successivement varier T et P, nous aurions des valeurs qui iront en se rapprochant de la valeur réelle de p, et qui, à cause de la lenteur de la variation des termes qui entrent dans la formule, seront très-admissibles dans la pratique.

En faisant les calculs pour les pressions déjà considérées, pour 16 atmosphères par exemple, on trouve $\dfrac{p}{\mathrm{P}} = 0,96$, c'est-à-dire qu'avec les détentes considérables que nous avons supposées (1264 fois le volume dans ce cas), ce n'est qu'une fraction minime $\frac{4}{100}$ de la pression qui doit remplacer celle-ci pour que la quantité du travail trouvée ne soit pas sûrement trop forte. La correction doit annuler 96 p. 100 de la pression et 55 p. 100 du travail, que la formule indique à tort.

Détermination directe de la quantité de chaleur employée par la détente. — M. Combes, qui a consacré quelques pages fort intéressantes à la machine à vapeur dans son traité de l'exploitation des mines, s'est occupé de la question que nous traitons.

Il rapporte d'abord des expériences de M. Wickseed à ce sujet, expériences qui n'ont qu'une valeur d'approximation, ne sont nullement faites dans des conditions réellement scientifiques. Dans la première, faite sur une machine de Cornwall, la vapeur qui entourait le cylindre et remplissait l'enveloppe sortait, après avoir été condensée, par un tuyau adapté à la partie inférieure. L'eau condensée fut environ $\frac{4}{100^{es}}$ de la quantité totale d'eau envoyée par la chaudière à l'état de vapeur (ce qui ne saurait comprendre toute la chaleur consommée), et comme elle sortait à 130°, la chaleur ainsi consommée pour chaque kilog. de vapeur utilement employée était $\frac{4}{100}$ (650 — 130) = 20,80, tandis que celle de la vapeur était 650 — 30 = 620, c'est-à-dire environ $\frac{1}{30°}$. La détente était de deux fois le volume primitif.

Ces expériences, comme plusieurs autres dues au savant auteur dont nous parlons, confirment la nécessité de la correction ci-dessus ; si elles sont insuffisantes pour en déterminer expérimentalement la valeur, elles paraissent indiquer que nous sommes peu éloignés de la vérité.

Je n'entrerai pas ici dans d'autres détails sur la théorie de la machine à vapeur que j'ai cherché à traiter dans le travail que j'ai cité ; je donnerai seulement presque complétement la partie de cette étude relative aux nouvelles inventions à l'aide desquelles on cherche à modifier la machine à vapeur, ou plutôt à la remplacer par d'autres machines à feu.

MACHINES A VAPEURS COMBINÉES.

Une des tentatives les plus curieuses de perfectionnement de la machine à vapeur est celle qui a été tentée dans ces dernières années par M. du Tremblay. Sous le nom de Machine à éther, à chloroforme, à vapeurs combinées, il a établi un genre de machine à vapeur devant, espérait-il, procurer une économie de moitié du combustible actuellement nécessaire avec la machine à vapeur actuelle, pour produire une même quantité de travail.

Disons d'abord en quoi consiste cette machine.

« La machine à vapeurs combinées, disent les inventeurs dans un de leurs prospectus, marche par l'action de deux vapeurs distinctes, dont l'une est produite par la condensation de l'autre, et a pour but l'économie du combustible. Ces deux vapeurs agissant isolément et sans jamais se mélanger, cette machine se compose nécessairement de deux cylindres accolés comme dans le système connu de Wolf, ou isolés, soit de deux machines conjuguées comme celles dont on se sert pour la navigation. Dans l'un ou l'autre cas, l'un des pistons est mû par la vapeur d'eau, et le deuxième par la vapeur auxiliaire d'un liquide plus facilement vaporisable, bouillant à une température qui ne doit pas dépasser 72° centigrades, et doit remplir certaines conditions que j'indiquerai plus bas. La vapeur d'eau est produite et employée comme dans les machines ordinaires à condensation ; seulement, au lieu d'être envoyée à son échappement dans un condenseur à injection, elle est amenée dans une boîte parfaitement étanche, contenant un appareil appelé vaporisateur, lequel se compose d'un certain nombre de petits tubes métalliques remplis d'un liquide facilement vaporisable, tel que l'éther sulfurique, le chloroforme, le chlorure de carbone, etc. Cette vapeur remplit l'espace qui les divise, et entre en contact avec la totalité de leur surface. La faculté que possèdent les liquides de la nature ci-dessus d'absorber avec une extrême rapidité le calorique en passant en vapeur à une basse température, leur fait remplir vis-à-vis de la vapeur d'eau qui les environne le véritable office d'un condenseur. Ils lui enlèvent, à travers les surfaces qui les contiennent, le calorique latent et spécifique qui la fait subsister, et la réduisent à l'état liquide en passant eux-mêmes dans leurs propres réservoirs à l'état de vapeur sous une pression proportionnelle à la température de la vapeur chauffante. La vapeur d'eau ainsi condensée est retirée au moyen d'une pompe à air qui maintient le vide dans l'enveloppe du vaporisateur où elle se condense, et reportée sans mélange et parfaitement distillée comme alimentation à la chaudière d'eau. La vapeur du liquide qui a servi à condenser la vapeur d'eau est amenée sous le piston du deuxième cylindre, d'où, après avoir exercé sa force élastique, elle s'échappe dans un condenseur par contact qui la réduit à l'état liquide. Le résultat, ramené par le moyen d'une pompe au vaporisateur, lui sert d'alimentation constante et est alternativement vaporisé et condensé. On voit donc que dans ce système la vapeur d'eau agit d'une double manière : la première, comme moteur par sa force élastique ; la seconde, comme chauffage d'un liquide produisant lui-même par sa vaporisation une nouvelle force motrice, qui vient ajouter son travail à celui déjà produit de la vapeur d'eau.

« Les différentes épreuves qui ont été faites par des commissions nommées soit par le gouvernement, soit par l'industrie particulière, ont constaté que la deuxième vapeur produite par l'un des trois liquides ci-dessus nommés, par la condensation de la vapeur d'eau, était toujours en quantité et à pression au moins égales à celle-ci ; d'où il résulte clairement ou une augmentation de force du double pour la même dépense, ou un bénéfice de plus de 50 p. 100 dans l'emploi du combustible pour une force donnée. On comprend aussi que l'économie annoncée étant le résultat de l'emploi nouveau de la chaleur de la vapeur d'eau, à l'instant même de sa condensation, qui passe dans un liquide plus facilement vaporisable, dont elle développe la force expansive, on conçoit, dis-je, que cette économie est indépendante des chaudières, fourneaux et divers systèmes plus ou moins parfaits de machines. Le liquide à employer doit bouillir au-dessous de 72° centigrades, et plus son point d'ébullition sera peu élevé, plus son emploi sera avantageux; il ne doit pas se décomposer au-dessous de 110 à 120° centigrades, ne contenir aucun acide capable de corroder les divers métaux qui composent la machine, et autant que possible ne donner lieu à aucuns mélanges inflammables ou explosibles. Jusqu'ici le chloroforme, dont l'application est due à M. Lafond, et le chlorure de carbone, employé pour la première fois à Londres par M. du Tremblay remplissent seuls toutes ces conditions; sauf la dernière, l'éther sulfurique leur est bien préférable, et sera avantageusement employé partout où l'on pourra aérer ou isoler les machines. Le prix de ces liquides, celui du chlorure de carbone surtout, est assez peu élevé (2 fr. 50 c. le litre) pour que la légère perte qu'on en fait ne puisse entrer en ligne de compte. »

Si nous étudions, à l'aide des principes théoriques, la machine à vapeurs combinées, il nous sera facile d'établir la valeur d'une invention qui a, nous pensons, causé de fâcheuses illusions à quelques personnes qui n'en ont pas bien apprécié la portée.

Replaçons-nous au point de vue auquel nous nous sommes mis pour calculer le travail théorique qui peut être produit par l'unité de chaleur. Supposons qu'une certaine quantité de vapeur soit renfermée entre le fond d'un corps de pompe de longueur indéfinie, et un piston. Si les résistances qui s'opposent au mouvement du piston vont sans cesse en décroissant, il avance continuellement, poussé par la vapeur. Pendant ce temps, la température de celle-ci baissera et une partie repassera à l'état liquide et fournira la chaleur proportionnelle à la détente, à l'augmentation de volume de l'autre partie. La chaleur qui aura engendré un travail mécanique considérable sera non-seulement cachée, mais en réalité consommée, anéantie en proportion de ce travail.

Si cet effet est poussé très-loin, si le piston ne rencontre d'obstacle qu'une vapeur d'une très-faible tension, celle qui correspond à une température de 5°, par exemple, après une extension de volume extrêmement considérable, que sera devenue la vapeur qui était d'abord à 200°, par exemple? Évidemment de l'eau et un peu de vapeur, cette dernière étant dans un état de dilatation extrême. La presque totalité de la chaleur aura été transformée en travail, n'existera plus. Si, dans cette supposition, bien éloignée de la pratique, mais théoriquement possible, on met le reste de vapeur en contact avec un condenseur à éther, il ne pourra y avoir aucun effet produit, puisque la chaleur sensible de la vapeur d'eau sera peu élevée, inférieure à 72° température d'ébullition de l'éther, et la chaleur qui a été consommée sous forme de travail n'est plus disponible.

Si, au lieu d'atteindre cette limite extrême, la vapeur d'eau était seulement amenée à une température voisine de 72°, elle engendrerait quelque peu de vapeur dans le second cylindre, en raison de l'excédant de la température de la vapeur sur 72°.

Il nous semble que le raisonnement précédent fait bien apprécier la valeur de l'invention de M. du Tremblay; *elle permet d'utiliser partie de la chaleur qui n'est pas utilisée dans une machine à vapeur ordinaire;* si celle-ci est très-imparfaite, si elle est à haute pression et sans condensation, comme dans quelques cas où le nouveau système a paru réussir, la machine à éther produira un travail considérable et entièrement gagné.

Si, au contraire, la machine à vapeur est à détente et à condensation, si elle se rapproche, quant à l'effet utile, des machines de Cornwall donnant près de 40 p. 100 de l'effet utile du calorique, la machine à éther pourra encore théoriquement s'appliquer et donner une faible tension dans le second cylindre, puisque la détente n'est pas ordinairement poussée aussi loin qu'il le faudrait pour que la vaporisation de l'éther n'eût plus lieu, mais assez cependant pour que la température se rapproche de cette limite. Alors, eu égard aux résistances considérables du condenseur d'éther, à la multiplicité des pompes, aux résistances passives de tout genre du système, le travail consommé sera en général plus grand que le travail produit par une tension peu élevée. En un mot, avec une machine à vapeur amenée à un haut degré de perfection, l'effet de la machine à éther sera nul, quand elle ne sera pas nuisible.

MACHINES A AIR CHAUD.

La théorie des machines à vapeur que nous avons exposée est fondée sur des principes généraux applicables à toute machine à feu ; c'est pour cela qu'elle s'applique., comme nous venons de le voir, aux machines à deux vapeurs, qu'elle doit par suite s'appliquer aux machines à air chaud, et notamment à la machine calorifique d'*Éricson*, qui avait été annoncée comme devant remplacer la machine à vapeur et marcher presque sans feu, suivant les uns; avec une économie de combustible de 80 p. 100, suivant les plus modérés.

En d'autres termes, cette machine doit réaliser le mouvement perpétuel, suivant les uns, et, suivant les autres, changer tous les rapports connus jusqu'ici de cause à effet entre la chaleur et le travail mécanique. On voit que l'étude de cette question est fort intéressante, et qu'il importe à la cause du progrès véritable qu'on n'aille pas faire fausse route dans une direction où les lacunes de la théorie laisseraient croire à un grand progrès, s'il était illusoire. Nous ne rappellerons pas ici la description de cette machine, bien connue aujourd'hui, et quant aux résultats possibles d'une invention quelconque de machine à feu, nous dirons avant tout que la détermination de l'équivalent mécanique de la chaleur doit être sans cesse présente à l'esprit. Elle prouve que le maximum théorique du travail engendré par une calorie ne peut dépasser 140 kil. mét. C'est même sur l'air échauffé que nous avons raisonné pour évaluer tout le travail possible. Donc, à moins d'erreur, il est impossible de dépasser cette limite avec la machine à air chaud.

Pour analyser les résultats merveilleux de l'emploi de toiles métalliques réfrigérantes et réchauffantes, ingénieusement combinées par Éricson, établissons en quoi consiste le mode d'action de la chaleur pour produire un travail, et voyons si on peut retrouver celle qui a déjà été employée dans un appareil, quelque ingénieuse qu'en soit la disposition.

Reprenons toujours notre raisonnement fondamental. Si l'on

chauffe le gaz renfermé dans un corps de pompe, fermé par un piston, il en résultera un accroissement de pression qui forcera le piston à s'avancer. Si l'on cesse d'échauffer le gaz et qu'il continue à se détendre, sa chaleur diminuera, sa température s'abaissera ; c'est là une des lois les plus certaines de la physique.

Si donc on laisse prolonger cette détente, l'excès de pression sera bientôt nul, mais l'excès de température sera nul également. On aura utilisé tout le travail que le gaz pouvait produire, mais il n'y aura plus de gaz échauffé, de gaz pouvant céder de la chaleur. Il n'y aura plus à la température que le gaz possède alors de chaleur à reprendre.

Cette explication même est incomplète, ce n'est pas seulement parce que la température sera abaissée qu'on ne pourra retrouver de chaleur, c'est parce qu'il y aura eu une véritable consommation de la chaleur primitivement communiquée à l'air, qui a été transformée en travail, comme l'indique la nouvelle théorie. Ainsi donc nous pouvons établir en principe, que l'air ne peut être employé dans une machine sans *consommer* une quantité de chaleur proportionnelle au travail mécanique produit, et ce dernier ne saurait dépasser, quel que soit le système employé, le chiffre du travail théorique. La consommation, loin d'être nulle, sera donc toujours considérable pour un grand travail mécanique.

Quant à l'idée de retrouver toute la chaleur, elle est fausse de tout point, à moins toutefois que la machine ne soit tellement combinée qu'elle ne produise aucun travail. En tous cas, la seule partie de la chaleur que l'on retrouve est celle qui n'a pas produit de travail, et des systèmes propres à atteindre ce but ne peuvent avoir d'autre effet que de remédier à l'imperfection primitive de la machine. Dans ces conditions pouvait-elle être supérieure à la machine à vapeur?

De la machine à vapeur comparée à la machine à air. — C'est en comparant la machine à air chaud à la machine à vapeur, que la valeur exacte de la première sera facilement appréciée. D'après les principes que nous avons établis, il est évident qu'elle peut parfaitement lutter avec les machines à air chaud.

Mais avant d'étudier comment les choses se passent, voyons ce qu'a de fondé l'opinion d'un savant académicien, qui pense que la machine à vapeur perd les 19/20es du travail que la chaleur peut produire.

Quoi ! c'est à un semblable résultat que seraient parvenus les travaux de tant d'inventeurs, d'ingénieurs distingués. La chose est peu admissible *à priori*, et les résultats de la théorie indiquée ci-dessus paraissent bien plus probables.

Si la valeur théorique du travail mécanique qu'il est possible de produire par une unité de chaleur est de 140 kil. mét., le travail de 1 kil. de houille ou de 7,500 calories sera de 1,050,000 kil. mèt. Or, la condition essentielle de tout chauffage étant un tirage par l'air chaud qui exige une certaine quantité de travail ainsi que la nécessité de faire face au refroidissement par rayonnement de tout l'appareil, on ne peut évaluer le travail mécanique possible pratiquement à plus de 8 ou 900,000 kil. mét.

Maintenant, si nous étudions les machines les plus parfaites, nous verrons que celles de Cornouailles, à grandes chaudières et longues détentes, brûlent moins de 1 kil. de houille par cheval et par heure, ou pour produire 300,000 kil. mét., c'est-à-dire qu'elles rendent un travail utile de 30 à 40 p. 100. Les machines les plus parfaites de l'industrie brûlent 1^k,50, c'est-à-dire donnent 25 p. 100 du travail utile. Nous voici bien loin du vingtième utilisé.

Sans doute bien des machines, celles des bateaux à vapeur notamment, donnent des résultats moins satisfaisants, mais qu'en doit-on conclure ? n'est-ce pas qu'il importe de perfectionner ces dernières en analysant les conditions de bon travail des premières et en apprenant à les imiter. Ce résultat n'est-il pas bien plus certain, plus facile à atteindre que de chercher à construire des machines sur de nouveaux principes ?

Revenons au mode d'opérer de la vapeur dans la machine à vapeur, et surtout examinons le point par lequel elle diffère de la machine à air chaud. Ce qui la rend d'abord différente de toute machine qui fonctionne à l'aide de gaz, d'air, c'est qu'on injecte de l'eau dans la chaudière pour la chauffer. Cette différence, loin d'être une infériorité, est au contraire la cause de la supériorité incontestable de la machine à vapeur, ce qui la rend inattaquable. Qu'est-ce en effet que l'eau dans ce cas? n'est-ce pas du gaz liquéfié dont on dispose, au lieu d'un gaz ayant un volume considérable et dont l'alimentation coûte la majeure partie du travail produit? n'est-ce pas un élément admirable que celui d'un liquide qui permet, par l'injection d'un volume, de produire 1,700 volumes à la pression d'une atmosphère? Sans doute la quantité de chaleur qui est nécessaire pour obtenir ce résultat est importante, mais elle produit un travail considérable et précisément proportionnel à cette quantité de chaleur. Ce travail est dû à l'action directe de la vapeur affluent de la chaudière et à la détente prolongée de cette vapeur, détente pratiquement possible grâce au vide produit par le condenseur, second changement d'état moléculaire qui produit une non-pression sur la face du piston opposée à celle sur laquelle agit la vapeur.

Arrêtons-nous un peu sur le condenseur séparé, cette belle invention de Watt, qu'on a bien maltraité dans ces derniers temps. On a beaucoup parlé des flots de chaleur qu'entraînait l'eau qui sert à la condensation; mais si on veut laisser de côté la question pratique, qui force à limiter la quantité d'eau employée, et par suite à élever sa température, on admettra que cette perte n'est pas nécessairement considérable. La chaleur est bien incorporée à l'eau, mais le vide est presque absolu dans le condenseur de Watt. La chaleur a bien été dépensée, mais elle a été entièrement utilisée à faire le vide, et à rendre possible le travail de la détente; or celle-ci peut produire un travail triple ou quadruple de celui de l'action directe.

Cette faculté d'être condensée, propre seulement aux vapeurs et nullement aux gaz, en facilitant l'alimentation, en rendant possibles des détentes très-étendues à des pressions élevées, par suite de la condensation successive d'une partie de la vapeur, détentes qui égalent le chiffre du travail avec celui qu'on peut obtenir théoriquement des gaz; ce moyen de produire le vide sur une des faces du piston, ne coûte pratiquement, lorsque la détente est suffisamment prolongée, que la perte d'une quantité de chaleur limitée, et est, à cause de la simplicité de cet effet, un élément très-réel de supériorité pratique de l'emploi des vapeurs comparées aux gaz chauffés.

8

En principe donc, aussi bien que la machine à air et en supposant des détentes indéfinies dans les deux cas, la machine à vapeur peut fournir le travail théorique, celui indiqué par la valeur de l'équivalent mécanique de la chaleur, et les résultats seraient les mêmes avec des appareils de bien moindre dimension pour la machine à vapeur que pour la machine à air. Ajoutons encore que l'incorporation d'une grande quantité de chaleur dans la vapeur et sa condensation permettent pratiquement d'utiliser très-simplement une plus grande quantité de chaleur pour un volume donné par l'emploi de la détente.

Conclusion.

Si nous avons bien raisonné, on conclura avec nous :

1° Qu'il est parfaitement admissible que, par d'ingénieuses combinaisons telles que celles de son régénérateur en toiles métalliques, qui lui permet de reprendre à l'air sortant de la machine la chaleur non utilisée, Éricson soit parvenu à construire une machine à air chaud qui puisse fonctionner ;

2° Que lui ou ses émules pourront peut-être construire des machines de ce genre qui donneront des résultats assez voisins de ceux obtenus de la machine à vapeur ordinaire ; mais que jamais ils n'emploieront deux fois la chaleur qui, ayant produit tout le travail qu'elle peut produire est consommé entièrement, a disparu ;

3° Que la machine à vapeur possède théoriquement toutes les conditions de maximum du travail aussi bien que la machine à air chaud, et que pratiquement elle offre des avantages immenses de simplicité. Que les résultats déjà obtenus par les machines les plus perfectionnées sont très-remarquables, et moins éloignés qu'on ne pensait du maximum théorique qu'on peut espérer obtenir un jour.

Ces observations s'appliquent de tout point aux machines tentées par M. Siemens, M. Seguin et autres, pour réaliser à l'aide d'une quantité de vapeur successivement réchauffée et refroidie ce qu'Éricson projetait avec l'air chaud. Ces inventions n'ont aucune espèce de supériorité théorique sur la machine à vapeur actuelle, et leur infériorité pratique est de toute évidence.

NOTE III.

De l'écrasement des corps malléables et non malléables.

Dans les expériences faites par nous, à l'aide de la compression, résultant surtout de chocs sur du plomb coulé de la forme d'un tronc de cône droit, pénétré par un tronc de cône renversé, forme préférable à celle de cubes ou de prismes sur lesquelles seules on avait fait de rares expériences, les déformations ont toujours été de la forme représentée par la figure 9, c'est-à-dire que le métal, écrasé seulement à la partie supérieure du cône, s'écarte perpendiculairement à la direction de l'écrasement, de manière à présenter sa plus grande largeur extérieurement, à y former un bourrelet en tulipe, tandis qu'à l'intérieur, près de la surface une paroi circulaire verticale bien nette montre bien que le phénomène se passe tout différemment à l'extérieur qu'à l'intérieur.

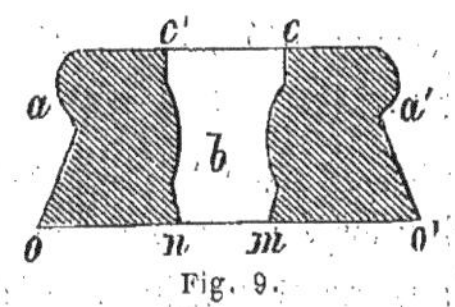

Fig. 9.

Cette différence d'effets est facile à analyser :

A l'extérieur, le métal ne trouvant pas de soutien, puisque les circonférences successives vont en croissant, s'écarte sans rencontrer de résistances, et, par la succession des couches superposées prend extérieurement la forme en tulipe a. Pour les couches intérieures, au contraire, le mouvement du métal vers le centre tend à faire naître une résistance particulière.

La forme des parties $c\,c$, est due évidemment à la résistance produite par le glissement vers l'intérieur, dans une direction où les circonférences successives vont en diminuant de rayon, ce qui fait naître la résistance bien connue de la voûte, de la roue de voiture. Ce résultat me permet de proposer une explication très-satisfaisante et qui n'avait pas encore été donnée d'un très-

curieux phénomène. Je veux parler des pyramides convexes (pour
les carrés) ou des cônes (pour les cylindres) qu'on obtient en
écrasant les pierres et les corps non malléables.

Considérons un prisme et d'abord la face supérieure qui reçoit
la pression. Les molécules du bord tendent à se mouvoir extérieurement, à s'écarter dans la limite de l'élasticité du corps, tandis
qu'en dedans de ce bord les molécules tendant à glisser vers l'intérieur résistent en faisant voûte. Il est évident que les molécules
du bord, qui s'écartent dans la limite de l'élasticité des corps, qui
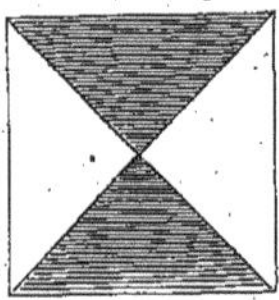
se déplacent quelque peu, tendent à entraîner ex-
térieurement les molécules placées au-dessous
d'elles, transmettent mal la pression verticale à la
section sous-jacente, où le même effet se reproduit
sur une surface moindre, diminuée de la petite
bande du contour du fait de la section placée au-

Fig. 9.

dessus. C'est par la répétition de cet effet que la section des parties résistantes, qui ne tendent pas à se rompre, va en diminuant,
d'où la forme de pyramides, de cônes, où l'effet de voûte vers
l'intérieur est bien démontré par la convexité des faces. Quant
aux parties situées en dehors des pyramides, dont l'élasticité est
forcée, et qui tendent à être repoussées, elles tombent en poussière.

Les pyramides ou cônes sont doubles, leur sommet au milieu de
la hauteur, à cause de la transmission générale de la pression de la
partie supérieure à la partie inférieure, dans le cas bien entendu
de pressions lentes; car, avec un choc, il n'y aurait qu'une pyramide partant de la face choquée et glissement relatif du reste du
corps le long des faces de la pyramide, variant de forme en raison
du choc et de la ténacité des substances, comme dans le choc des
boulets.

On voit que la disposition nouvelle qui fait le cachet de nos expériences, et qui en fait surtout la valeur relativement à d'anciennes dues à Vicat et Rennie, qui n'ont rien donné, c'est que
celles-ci étaient faites sur des cubes qui s'écrasaient à la partie
supérieure comme à la partie inférieure, l'action et la réaction
étaient égales. Ici, au contraire, ce qui importait beaucoup au but

que je poursuivais, le travail est presque totalement absorbé par les actions moléculaires qui se passent à l'intérieur du métal. L'amortissement du choc est complet, les vibrations nulles tant qu'on n'atteint pas la limite extrême où les parties refoulées du métal viennent rejoindre la base.

Il me semble que l'inégalité des surfaces supérieures et inférieures ouvre une voie tout à fait nouvelle aux observations relatives aux phénomènes de rupture aussi bien pour les pressions, que pour les chocs. Le résultat curieux que nous enregistrons ici nous donne quelque espoir de parvenir à des résultats intéressants en continuant d'étudier les phénomènes de rupture par écrasement, tant par chocs que par pressions, voie dans laquelle il y a bien peu de travaux qui aient quelque valeur.

TABLE DES MATIÈRES.

Paris. — Imprimerie P.-A. BOURDIER et Cⁱᵉ, rue Mazarine, 30

BIBLIOTHÈQUE DES ARTS ET MANUFACTURES

COLLECTION

DE

TRAITÉS COMPLETS, DE GUIDES PRATIQUES

POUR LES PRINCIPALES PROFESSIONS INDUSTRIELLES.

EN VENTE :

Guide du Mecanicien ou *Traité de Cinématique*, par CH. LABOULAYE.

Guide du Chauffeur, par GROUVELLE et JAUNEZ.

Guide de la fabrication économique des Engrais, par M. F. ROHART.

Sous presse :

Guide du Chauffeur (2e partie : Machines à vapeur.), par M. GROUVELLE.

Guide pour l'extraction et l'emploi de la Tourbe.

Guide de l'Horloger.

Guide du Briquetier, etc., etc.

DICTIONNAIRE

DES

ARTS ET MANUFACTURES

DESCRIPTION

DES PROCÉDÉS DE L'INDUSTRIE FRANÇAISE ET ÉTRANGÈRE

PAR MM.

ALCAN, BARRAL, BARRAULT, DEBETTE, DEGLIN, P. DESORMEAUX, DUBIED, DUMOULIN,
ÉBELMEN, GROUVELLE, KNAB, CH. LABOULAYE, MALLET, MANGON, ETC.

SECONDE ÉDITION, CONSIDÉRABLEMENT AUGMENTÉE

Illustrée de 3,000 Gravures sur bois, formant 4 tomes ou 30 livraisons.

Prix de l'ouvrage { Par livraisons séparées, 2 fr. la livraison.
{ Complet. . . . . 60 fr.

Les articles du *Dictionnaire des Arts et Manufactures* : COMBUSTION, par M. EBEL-
MEN ; CHAUFFAGE, par M. GROUVELLE ; MACHINE A VAPEUR, par M. LABOULAYE, seront
spécialement consultés avec fruit par les personnes qui s'intéressent à la question de la
chaleur, si importante pour l'Industrie.

Paris. — Imprimerie de P.-A. BOURDIER et Cᵉ, rue Mazarine, 30.

www.ingramcontent.com/pod-product-compliance
Ingram Content Group UK Ltd.
Pitfield, Milton Keynes, MK11 3LW, UK
UKHW022047070726
13613UKWH00002B/713